前端開發測試入門

現在知道也還不遲的自動化測試策略必備知識

吉井 健文 著
溫政堯 譯

SE
SHOEISHA

＊＊

前言

近年來的前端開發由於函式庫及框架日益發達，開發方法發生了巨大的變化。有著「現代前端」之稱的任務堆疊廣泛應用在產品當中，變得相當普及。然而在這樣的世局之下，我們依然經常會聽到許多人對「測試程式碼」有著下述的意見。

- 對怎麼寫程式碼毫無頭緒，既茫然又焦慮
- 雖然可以寫出一定程度的測試程式碼，但沒有足夠的信心確信已經寫得夠好
- 會想知道其他公司裡面寫了多少、以及本於哪些依據在寫測試程式碼

因此筆者在想，或許依舊有許多人懷著著忐忑的心、無法對寫測試一事抱持自信吧！再者，舉凡如UI元件測試、視覺回歸測試、Storybook、E2E（End-to-end）測試，皆屬前端測試的一環。測試方法一多，要想在第一次遇到時就能明辨這些測試方法該如何使用，是極為困難的事情。打從一開始就有這麼多的選擇，或許也是相當令人苦惱的事。

選擇多，也意謂著每個專案都能找到最適合自己的測試方法。充分瞭解測試方法，就更有可能挑到越適合的選擇。我們會使用Next.js應用程式範本來講解不同測試方法的具體案例，或許有助於讀者更能釐清「在什麼樣的場合應該選擇哪個測試方法？」這個問題。本書將抱持特定目的來搭配不同測試方法進行運用一事稱之為「測試戰略」，而這個「測試戰略」正是貫穿書中全文的核心主題。

期待讀者們都能因為本書獲益良多，從明天開始就自信滿滿地寫下測試程式碼，倘若能讓更多人體會到「會寫測試真是太好了！」，那將是筆者最大的榮幸。

本書適用對象

從第1章到第4章的內容編排著重在讓第一次寫測試的讀者也能持續讀下去。基於希望可以讓本書出現在越多Web應用程式工程師的手上，我們將適用對象設定為非常廣泛的族群。

- 完全沒有建構過前端軟體的讀者
- 完全沒有寫過測試程式碼的讀者
- 會想知道別的公司（團隊）在寫測試上面下了多少工夫、依據哪些原則在執行寫測試這件事的讀者

進到第5章後，由於內容會使用到前端開發獨有的React跟Next.js的程式碼，因此倘若您對於前端開發完全不熟悉，建議一併同時閱讀相關官方文件與其他書籍。

真要是在閱讀本書的過程當中感到難易度有些吃力，不妨暫時放下書籍，動起手來實際寫寫看已經閱讀過的內容的程式碼，就當作是複習。無論是專案的程式碼、或是測試程式碼，都是在經歷過親手演練執行的過程中逐漸熟稔，從體驗當中學習更是進步的不二法門。

本書軟體執行環境

書中的程式碼範例的建立時間點為本書撰寫時間（2023年3月），運行於以下環境。

- macOS 13.1 Ventura／Node.js v18.13.0

倘若您所使用的是其他作業軟體，雖然書中有些情況會針對個別特例補充講解、提供參考資料，但請諒解我們無法保證所有情況都能順利執行。

目　錄

第7章 Web應用程式整合測試

第1章

測試的目的與障礙

1-1 本書的內容編排

書中準備了2個儲存庫來當作程式碼範本。

前半段～中間所使用的儲存庫

僅以單一測試所構成，這樣的內容最適合初次接觸測試程式碼的讀者。就算是不熟悉前端函式庫的讀者，我們也致力於提供深入淺出的內容。

URL https://github.com/frontend-testing-book/unittest

中間～後半段所使用的儲存庫

這時會用到的是使用了Next.js的Web應用程式。由於我們的目的是學習測試程式碼，因此該應用程式只單純具備我們需要測試的功能。這時的測試程式碼的內容已經相當接近實際情況，能夠體驗到各式各樣的測試程式碼。

URL https://github.com/frontend-testing-book/nextjs

附錄電子書

本書中文版附錄電子書檔案為ZIP格式，請讀者下載後自行解壓縮即可。其內容僅供合法持有本書的讀者使用，未經授權不得抄襲、轉載或任意散佈。

URL http://books.gotop.com.tw/download/ACL069900

● 預計講解的測試方法

書中所跟各位讀者分享的都是Web前端開發獨有的測試方法為主，不僅可以學到JavaScript（TypeScript）測試程式碼的基本功，也會學到如何選用測試方法。

函式單元測試

無論是使用瀏覽器來驅動的SPA（Single Page Application）、還是使用Node.js驅動的BFF（Backend For Forntend），基本都是以多個函式搭配組合所建構而成。唯有確實地寫好每個函式，才有機會儘早找出存在問題的程式碼。因此在學習寫測試的起步階段，我們希望透過在寫好每個函式的同時，學會自動化測試的基本知識。

UI元件單元測試

前端主要在設計的是被稱作「UI元件」的構建塊，透過函式來呈現的UI元件特別適合執行單元測試。除此之外，目前的單元測試環境也已經足夠用來確保無障礙網頁的品質。我們將會透過對虛構的表單編寫程式碼，學習執行單元測試的方法。

UI元件整合測試

UI元件的任務並非僅僅用來顯示被輸入的資料，還需要配合操作來進行非同步的處理、或是接收到非同步處理的回應後來切換顯示結果。UI元件整合測試就是將這些外部因素也納入、進行測試。我們也會講解使用了MockServer開源模擬框架以網羅更大範圍的整合測試。

UI元件視覺回歸測試

為了要依據所指定的樣式表來驗證輸出結果，UI元件視覺回歸測試※1-1是不二選擇。以每個UI元件作為測試的最小單位，就能做到高精確度的驗證。

E2E（End-to-end）測試

使用無頭瀏覽器※1-2進行E2E測試，可以做到近乎真實應用程式狀態的測試。適合使用瀏覽器既有API、或是跨畫面的測試。Web應用程式實際運作時會連線到資料庫伺服器連線、也會連線到外部儲存體伺服器。藉由重現以假亂真的Web應用程式狀況，我們還能做到更大範圍的E2E測試。

● 預計使用的函式庫、工具

跟各位介紹我們用在程式碼範本內的工具。雖然書中作為範本的測試程式碼有部分內容是為了講解函式庫所準備，但需要學習的重點其實是相同的。比方說，在編寫運用Testing Library的UI元件測試時，就算UI函式庫不一樣，測試碼本身卻幾乎沒有差別。

※1-1 回歸測試（Regression Test）是以某時間點作為基準，驗證該時間點之前與之後的差異部分是否出現問題的測試。

※1-2 無頭瀏覽器意指不具備GUI（Graphical User Interface）的瀏覽器。

TypeScript

隨著TypeScript穩定地加入了前端開發的第一線，那些因JavaScript而起、懸而未解的軟體品質問題也獲得了解套。為此，旨在提升前端開發品質的拙作，也選用TypeScript作為程式碼範本的基礎。

前端函式庫、框架

接著介紹我們在範本儲存庫中所使用的函式庫跟框架。React是使用JavaScript擴展語法JSX來構建UI元件的函式庫；而Next.js則不僅僅能用於前端、還可以作為BFF（Backend For Frontend）伺服器來使用。我們僅會針對函式庫的基本使用方式來進行講解，更詳細的內容還請各位讀者逕行查閱官方文件。

- Raect：UI元件函式庫
- Zod：驗證函式庫
- React Hook From：處理React表單的函式庫
- Next.js：以React為基礎的Web應用程式框架
- Prisma：連接資料庫的ORM（Object-Relational Mapping）函式庫

測試工具、框架

書中會用到的測試工具有以下這幾種。除了介紹測試框架、測試執行器Jest跟Playwright之外，也會分享視覺回歸／測試框架reg-suit，以及UI元件總管Storybook。

- Jest：以CLI（命令列介面，Command Line Interface）為基礎的測試框架、測試執行器
- Playwright：包含無頭瀏覽器的測試框架、測試執行器
- reg-suit：視覺回歸／測試框架
- Storybook：UI元件總管工具

書裡並不會針對每個函式庫進行過多的著墨。我們會將重點放在編寫程式碼的過程中，學習如何掌握測試程式碼的要點。倘若各位讀者遇到書裡講解得不夠詳盡的疑點，請參閱官方文件。

1-2 寫測試的目的

會拿起這本書，或許是因為日常業務當中自己無法順利寫好測試程式碼而感到徬徨不安吧？不過我想也有人是聽說「業界人士都說這是必備技能」、「會減少出錯的機會喔」等感想，進而對拙作抱持興趣也說不定。

為什麼需要學寫測試程式碼這件事，是需要實際經歷「幸好有寫測試程式碼！」這樣的心境才會感受到的。不過從實際開始寫、並且能感受到這件事帶來什麼好處，得要經歷一段不算太短的路程。請先容筆者和各位分享，我認為寫測試程式碼的目的是什麼吧！

● 為了建立值得信賴的服務

當軟體含有會為事業帶來商業影響的錯誤，在我們重新獲得客戶的信賴之前，所有的計畫都會間接地遭到商業影響。一旦發佈了有錯誤的程式，不僅是大家無法使用我們提供的服務，對於該服務的印象也會大打折扣。而為了要防範不樂見的情況發生，大概就會是我們願意去加入自動化測試的原動力了（圖 1-1）。

身處這個時代，前端開發工程師也有許多機會參與開發前端的後端伺服器（BFF, Backend For Frontend）。尤其在BFF的開發上經常會遇到驗證、認證等，我們希望任何細節盡可能不要出現錯誤。微小的錯誤或許無傷大雅，但倘若我們都能在日常養成寫測試的良好習慣，就更容易幫助我們去注意到細節裡的魔鬼。

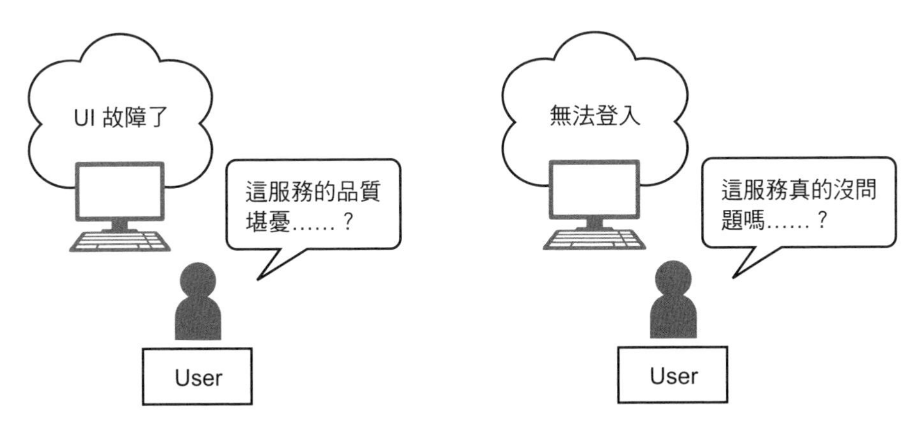

圖 1-1　UI或系統的故障將會直接影響服務品質給人的印象

● 讓程式更順利運作

當專案持續進行到一個階段，很常會遇到需要搭載類似功能的地方，此時我們會需要將類似的處理以模組化的方式來進行共用、或是對程式碼進行重構。同時卻也會擔心做了這些事情會不會影響既有順利運作中的功能，而最後決定放棄不做。不曉得大家有沒有經歷過類似的情況呢？

倘若我們可以養成日常寫測試的習慣，在重構程式碼時就能逐一執行測試、確認既有功能是否遭受影響。有測試程式碼隨侍在旁所帶來的安心感，可以促使我們更積極地進行重構，讓程式整體都更加健全（圖 1-2）。

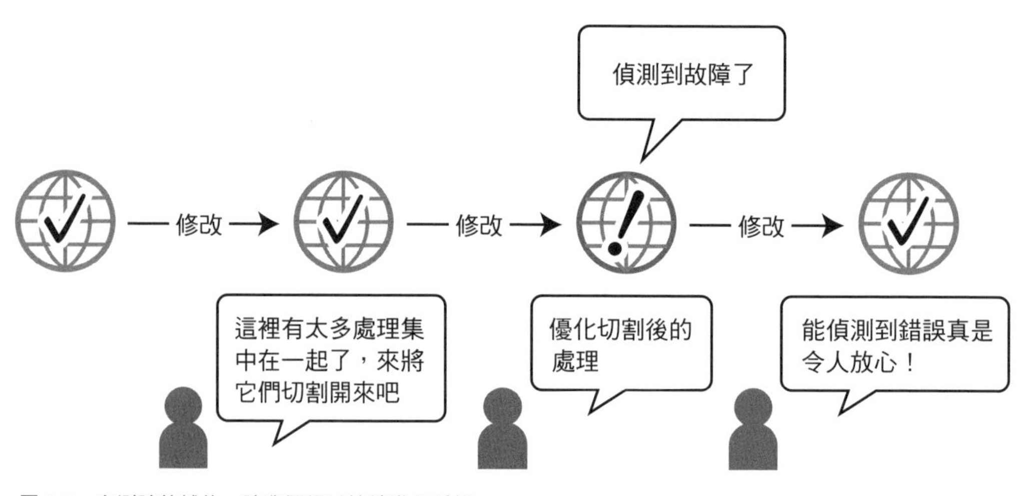

圖 1-2　有測試的輔佐，讓我們得以持續進行重構

並不是只有開發新功能時才會需要修改程式碼。相信各位都聽過 Dependabot 對吧？這是當專案所依賴的函式庫出現漏洞時、或者發佈了最新版本時，可以替我們建立拉取要求（Pull Request）的 bot。前端開發大多時候都會希望依賴著函式庫、並藉此盡可能頻繁地進行更新。

雖然 Dependabot 能自動建立拉取要求是很棒的事，但真的能完全相信那個拉取要求嗎？會不會擔心更新之後導致原本可以用的功能變成不能用？要是我們可以寫好自動化測試，就能加上「當進行小幅度更新的時候，通過測試再進行合併」的規則，對吧！

● 對品質更有信心

可以將寫測試這事看作是重新檢視自己程式碼品質的機會。如果覺得寫起來心有餘而力不足，或許意謂著我們對軟體硬塞了太多的處理也說不定。只要將單純的輸入、輸出的函數進行多個分割，測試程式碼就會變得非常好寫。而這種修改蠻常會帶領我們更順利地邁向完成。

比方說有個太笨重的UI元件，包含了畫面顯示、輸入驗證、非同步處理更新等。當我們在一個UI元件（函式）參雜了這麼多不同的需求，就會毫無頭緒該怎麼寫測試才好。不過，如果把畫面顯示、輸入驗證、非同步處理更新都各自獨立為單一的元件（或是函式），不僅最後完成時容易統整，測試也比較好寫。

除此之外，在開發UI元件時會需要考量到網頁的無障礙性、或稱無障礙網頁（圖1-3）。最近使用無障礙性相關的元素獲取API來編寫UI元件測試程式碼的機會增加了。獲取無障礙性相關的元素是指取得對身心障礙者友善的的元素。如果無法捕獲這些元素，我們可能就要留意那些使用螢幕閱讀器等輔助技術的使用者，可能無法獲得我們原本期望提供的內容體驗。

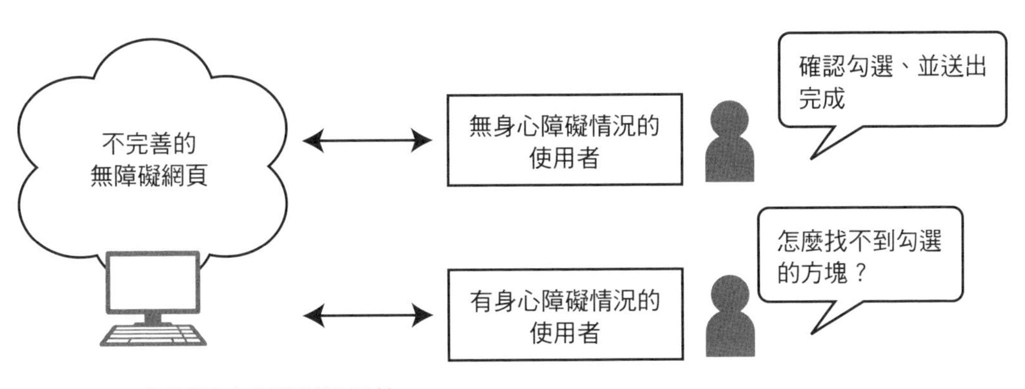

圖1-3　UI元件品質會左右網頁的可及性

這只是其中一個例子。在開發軟體的同時寫測試，就能獲得站在不同角度檢視程式碼的機會，也能令自己對軟體成果更有信心。

● 讓合作更順暢

專案進行開發時，最重要的就是需要顧慮到自己以外的團隊成員。相信有蠻多專案都有Code Review的文化。即便是負責檢查的工程師（Reviewer）將程式碼從頭到尾照順序看完，也不見得就有信心找出所有思慮不周跟出錯的地方，更甭說還要曠日廢時地確認運作情況。我們加入了新的專案團隊後會匯入程式碼跟文件，此外也會建立開發所需的伺服器來確認運作，要掌握專案的全貌是相當費時的事。因此細心的體察與溝通就會直接影響整個團隊的設計執行進度，而這也是大多數的工程師都會留下程式碼以外的補充資訊的原因。

相較於一般的設計文件，測試程式碼可說是更加優秀的補充資訊（圖1-4）。每個測試都有標題，提供什麼樣的功能、會怎麼運作都寫得一清二楚。只要通過這些測試，補充內容與實際完成的內容就不會有出入（對了，要注意標題跟測試內容可能不完全相同的情況）。

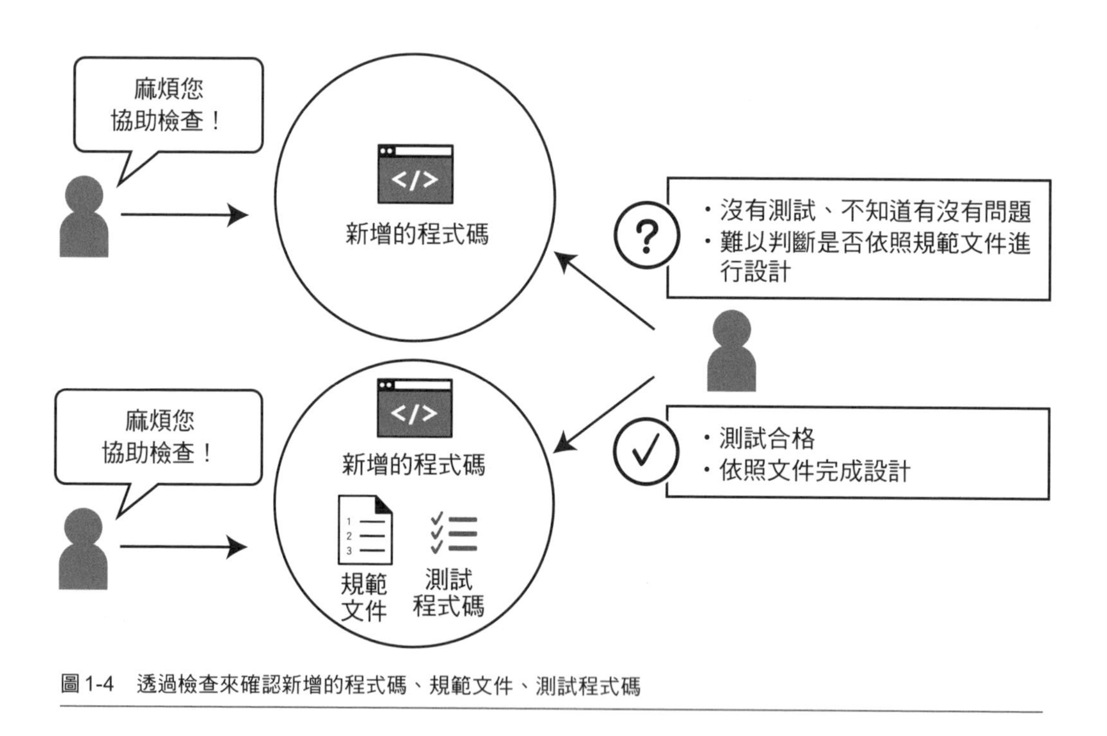

圖 1-4　透過檢查來確認新增的程式碼、規範文件、測試程式碼

測試不僅是可以檢查有沒有技術上的缺失，也能確認成果有無符合客戶的需求。互相比對測試程式碼與規範文件、再來確認程式碼，相信會減少許多檢查人員（Reviewer）的負擔。如果能在CI（持續整合，continuous integration）過關之後再來請人檢查，還可以縮短指正與修改等討論溝通的往返時間。

將測試程式碼作為產品程式碼的概要來進行分享，有助於讓工程師之間的合作更加順暢。

● 為了避免降級問題

可能有些人會遇到接下來需要重構、為避免出現降級問題而需要寫測試的情況。日常當中所執行的自動化測試是防止出現降級問題的最佳幫手。

透過細分模組，讓每個模組所負責的任務跟測試都盡量單純化。反之，當模組們彼此相互依賴時、可能會因為修改了被依賴的模組而引發降級問題。這是對現代前端開發最直接的挑戰（圖1-5）。

在第7章的整合測試將會講解如何測試多個模組（UI元件）連動運作的方式。UI元件跟功能會決定外觀（風格），就算內部的測試寫得再完善，也無法防止外觀的降級問題。這部分將會透過第9章的視覺回歸測試來解套。

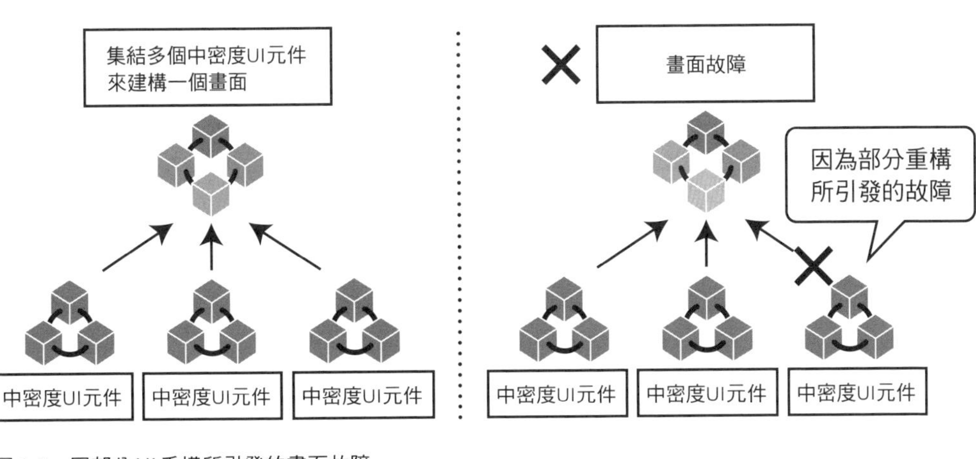

圖1-5　因部分UI重構所引發的畫面故障

1-3 寫測試的障礙

聽過許多人會分享，明明他們已經決定要寫測試了，但腦海裡卻出現了以下的消極聲音，導致無法動手開始寫。

- 沒有寫測試的習慣，不知道怎麼開始寫
- 如果有那美國時間寫測試，倒不如拿來增加功能
- 團隊成員技能參差不齊，對於維護運用沒信心

當一個團隊想要運用自動化測試時，難免都會遭遇到這些障礙吧！

● 測試，該怎麼寫才好？

身處前端開發的第一線，被告知「下個專案我們已經決定要用最新的函式庫了」真的只是家常便飯。然而，當我們首次遇到函式庫時，即便再怎麼樣依照官方文件去做，要想得心應手地做出心目中的應用程式，仍然會花上不少時間。

請各位回憶那些專案當中被要求新增功能的時候，我們是不是會參考專案中過去已經定案的程式碼，並且依照指南來進行程式碼的編寫。這種方式其實遠比盯著文件要來得令人更快熟悉專案的狀況。寫測試程式碼也相當類似，當專案內有許多值得參考的程式碼，我們上手的速度就會快很多。

要是專案當中完全沒有可以作為參考的測試程式碼，不妨就讀看看本書當中的範本吧！有樣學樣、或者複製貼上也沒關係，只要一而再、再而三地練習，就能精進寫測試的技巧。唯一的捷徑，就是拿既有的案例多看多練習。這本書也是基於為了讓各位可以在那些練習當中更加活用相關知識與技巧，力求提供更貼近實際工作時的測試程式碼範本給大家。

書中雖然有很多測試方法，卻不免令人感到「要全部都拿來用似乎也是有難度」。別煩惱，讓我們先掌握訣竅，至於該寫多少測試，可以跟團隊成員互相討論。就讓這本書帶領各位學習基本的測試寫法，排除「寫測試的障礙」吧！

● 如何確保寫測試所需的時間？

即使知道該寫測試，卻經常聽到「可是我沒時間寫」。如果連測試程式碼也要一併提交，短期來看會導致開發速度變慢。或許唯一要確保有足夠的時間的方法，不外乎就是提升自己能更快寫好測試的速度，但並不是所有人都可以快速地寫出測試。

為了要在發布正式版本時可以一併提交測試程式碼，還是得保留相對應的充分時間來進行作業。所以自動化測試也得視為開發項目，確實地將其納入整體排程規劃。而要能做到這點，則需仰賴團隊都抱持「自動化測試是不可或缺的存在」的認同感。

由於框架跟函式庫變化太快，時常聽到有人說前端程式碼的壽命很短。確實，就算現在花上大把時間去完成開發，可能經過一段時間後就又得要再改了。於是不免有人認為「反正都要再改，那不寫測試也不會怎麼樣」，但以筆者自己的經驗來說卻未必如此。

筆者曾在參與某個專案時，經歷了軟體發佈過了半年之後、還需要更新UI的狀況。當時專案為了趕著上線、時程相當緊湊，但後來由於企業品牌策略的關係而需要將UI砍掉重練。這件事對於認為整個系統功能堪稱完備、即便出現需求變更大概也不會是很大幅度修改的我自己來說，完全是出乎意料之外。

幸好當時的專案已經有寫測試的習慣，讓我們得以在無須過度心驚膽跳的情況下，完成了巨大的需求變更。在更新過程當中也充分地透過測試來理解受到影響的功能，迅速地完成任務。

● 寫測試為什麼能幫我們省時

倘若以短期觀點來看，寫測試或許淪為了剝奪個人時間的瑣事，然而當改以長期觀點評估時，卻是能夠省下整個團隊的寶貴時間。讓筆者以「某位工程師所部署的功能含有錯誤」這個前提來跟各位分享差異在哪，並假設完整部署功能需要16小時、自動化測試時間需要4小時。

當我們執行了自動化測試，就能在這4小時之內儘早發現、排除問題，於是總計花費時數為20小時。反之，當沒有執行自動化測試時，花費時數就是16小時而已。這應該很容易成為那些嘴上說著「不要執行自動化測試會比較快」的人的說詞。

可是，當測試工程師在手動測試階段發現了問題，製作提報問題的資料並請開發工程師進行修改，爾後再次驗證問題是否已經排除，也就是「重工（rework）」。而為了處理這個重工階段又耗了4個小時。可以看到就算不做自動化測試，加上處理重工的時間總共至少要花20小時以上的時間。

比較前後兩者，或許會認為花費時間差異不大，但重點在於「是否留下了自動化測試程式碼這個足以作為資產的東西」。然後長期下來，那些如果寫了自動化測試就能避免發生的降級問題，將會在營運階段浮上檯面、造成時間的浪費（圖1-6）。

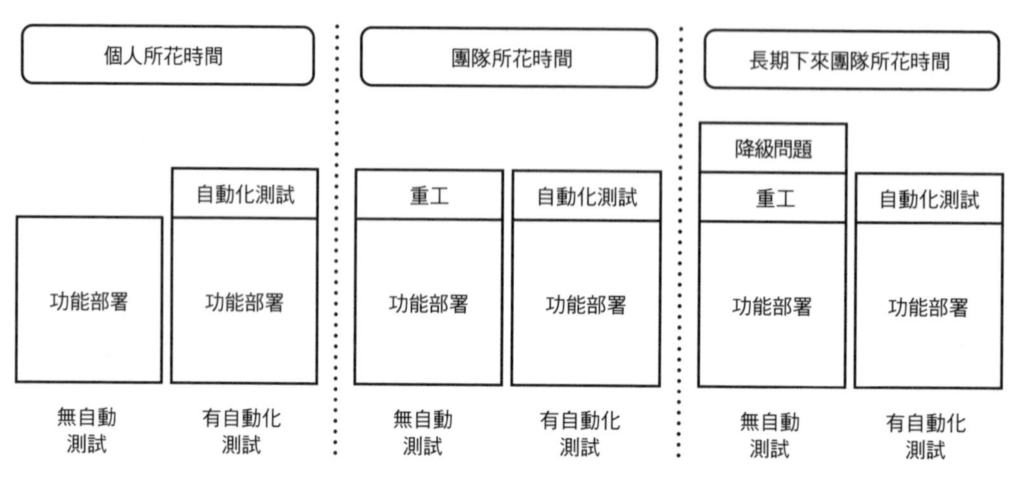

圖1-6　以長期觀點來看，自動化測試可以為我們節省時間

這邊的例子我們假設為定量化的值、並且一定會出現問題為前提來示意給大家理解，相信各位都應能體會到「整體來看，儘早導入自動化測試會更有助於節省時間」的概念。**而寫測試所節省下來的時間，正是專案進行的緊迫時程內的寶貴時間。**從進行設計開發的同時就導入自動化測試，長期看下來對於團隊是相當有助益的做法！

● 如何讓所有團隊成員都願意寫測試？

「這個專案從來也沒有人寫過測試啊」經常會被拿來當作在開發時不想同時寫測試的理由。當一個專案已經完成所有軟體發佈、進到了營運階段時，已經很難跳脫某種原則。因為以前都不必寫測試，所以現在跟以後不寫也沒關係的默契已經深植人心。

「事後再來寫測試」的方式，基本上都得將相關人員拖下水，設定好里程碑，並且由多人來同時執行，相當勞師動眾。這真的是比想像中還要辛苦很多，筆者也曾經身處決定「事後再來寫測試」的專案而有過令人後悔的經驗。隨著時間過去，需要寫測試的對象不斷增加，要達成的難度也持續變高。雖然勞師動眾也並非辦不到，但總是會希望不要落入這步田地。

筆者認為一個團隊寫測試的習慣能否生根，在最早期的設計階段就已經確定了。趁著程式還比較小的時候盡快先釐清方針，大家就會知道測試該如何寫才好。**樹立典範之後，就算團隊成員有人不擅長寫測試，也能參考前人所做的案例來寫出一定程度的測試。**

如同「沒有時間寫測試」這個理由一樣，為了要讓團隊成員都願意寫，重點在於盡快寫出能留作範本的測試。希望書中的測試程式碼也有榮幸可以成為大家能參考的範例之一。

第2章

測試方法與測試策略

2-1 以範圍與目的來思考測試

由於書中提及許多測試方法，為了避免大家出現選擇障礙，在進入到講解測試方法的篇章之前，建議先閱讀本章的「前端測試的範圍與目的」來加深理解。

比起有勇無謀地直接著手進行，先理解「範圍」如何搭配「目的」一起考量，選擇最合適的自動化測試，一起感受它所帶來的好處吧！

等各位讀完本書之後，第二章依然是可以用來當作總結的篇章。當掌握了書中所講解的所有內容後再回來看，相信各位將會對前端測試的全貌有更深的理解。

● 測試的範圍

Web應用程式的程式碼當中會組合許多模組來達成需要的功能。比方說為了要提供一個功能時，就會需要結合以下一連串的模組（系統）。

① 函式庫所提供的函式
② 負責邏輯的函式
③ 顯示UI的函式
④ Web API Client
⑤ API伺服器
⑥ 資料庫（DB）伺服器

寫前端的自動化測試時，我們需要意識到上述①～⑥去思考「測試應該涵蓋的範圍是從哪到哪」。Web前端開發的測試範圍大致分為以下4種。

靜態分析

使用TypeScript或ESLint進行靜態分析。這不是去確認每一個模組的內部，而是針對②跟③之間、③跟④之間「彼此相連的模組間的連動順暢與否」。

單元測試

僅針對②、或是僅針對③，著重在「單一模組功能」的測試。由於可以獨立進行驗證，因此適合在應用程式運行時用來確認不常發生的邊角案例（corner case）。

整合測試

用來測試從①～④、或是從②～③這種「模組串連起來所提供的功能」。雖然範圍設定的越廣、就能更有效率地驗證更多項目，但整個測試也較為籠統。

E2E 測試

運用無頭瀏覽器＋UI自動化來執行貫穿①～⑥整體的測試，是範圍最大的整合測試，能忠實呈現應用程式的運行狀況。

● 測試的目的

測試目的不同，**測試類型**也不同。軟體測試當中較廣為人知的測試是「功能測試、非功能性測試、白箱測試、回歸測試」。

測試類型會依照驗證的需求來訂定，每個測試都有最適合的工具可以選用。有些工具可以獨立運作，有些則是需要搭配組合來實現需要的功能。下面分享幾個Web前端測試當中最具代表性的測試類型。

功能測試（interaction testing）

功能測試確認開發出來的功能有無問題。Web前端所開發的功能大多都是以UI元件的互動（interaction）為出發點，因此互動測試（interaction testing）經常會直接當作功能測試來執行，相當受到重視。如果是需要用到正式瀏覽器API進行測試的重要情況，則會使用無頭瀏覽器＋UI自動化來寫測試。

非功能性測試（accessibility testing）

在非功能性測試當中，**無障礙性測試（accessibility testing）**是用來驗證產品顧及身心障礙者友善程度的測試。近年來，主打無障礙網頁的API已經遍佈各大平台，讓自動化測試可以相當客觀的角度來做出判斷。

回歸測試（regression testing）

回歸測試是從某個特定時間點去區分前後的差異、進行驗證，以確保沒有料想之外的問題出現。

2-2 前端測試的範圍

讓我們再來多談一點有關Web前端測試的範圍。

● 靜態分析

從儘早發現錯誤這點來看，TypeScript的**靜態解析**是不可或缺的存在，它特別擅長重現執行環境（runtime）的運作，例如使用`if`條件分歧安全地處理值（List 2-1）。

▶ List 2-1　重現執行環境運作的型別推論

TypeScript

```
function getMessage(name: string | undefined) {
  const a = name; // a: string | undefined
  if (!name) {
    return `Hello anonymous!`;
  }
  // 透過if條件式與return來判斷並非undefined
  const b = name; // b: string
  return `Hello ${name}!`;
}
```

此外，靜態驗證也能用於驗證函式是否回傳了我們所期待的值。以List 2-2來說，為了不讓回傳值的型別淪為`string | undefined`（字串或`undefined`），在函式區塊的最後面拋出例外。藉此讓型別推論成為一定會送出字串、也就是回傳值必定為`string`格式。

▶ List 2-2　回傳值型別推論是 string | undefined，由於不一致所以跳出型別錯誤

TypeScript
```
function checkType(type: "A" | "B" | "C"): string {
  const message: string = "valid type";
  if (type === "A") {
    return message;
  }
  if (type === "B") {
    return message;
  }
  // 依據有無發生例外，函式回傳值的型別推論會隨之改變
  // throw new Error('invalid type')
}
```

用於作為程式碼編寫準則的ESLint也屬於靜態分析之一。藉由迴避不適當的語法構造，達到防範摻雜潛藏錯誤於未然的效果（List 2-3）。函式庫開發人員會提供適合該函式庫的建議設定讓我們來使用，而當我們遵循著正確的用法，好處是日後就能注意到哪些API不建議使用。

▶ List 2-3　違反了函式庫所建議的程式碼編寫準則

TypeScript
```
useEffect(() => {
  console.log(name);
}, []);  ← 發生了Lint錯誤，因為所依賴的引用值name應該包含在陣列中
```

● 單元測試

單元測試是最基本的測試，用來測試模組是否能依據既定的輸入值去得出我們所期待的輸出值。在單頁應用（single-page application，SPA）開發當中，較常將UI元件作為測試對象。我們可以使用與函式單元測試相同的要領來測試從輸入值（Props）得到輸出值（HTML區塊）的UI元件。

有些模組在出現了鮮少發生的邊角案例（conner case）時要判斷中斷處理，此時「該以什麼條件」來拋出例外，就相當適合以單元測試來進行評估。透過重複地去商討「這樣的條件可行嗎？」、「可行的話該如何處理才好？」，是讓我們養成習慣去察覺程式碼中可能出現的紕漏的契機（圖2-1）。

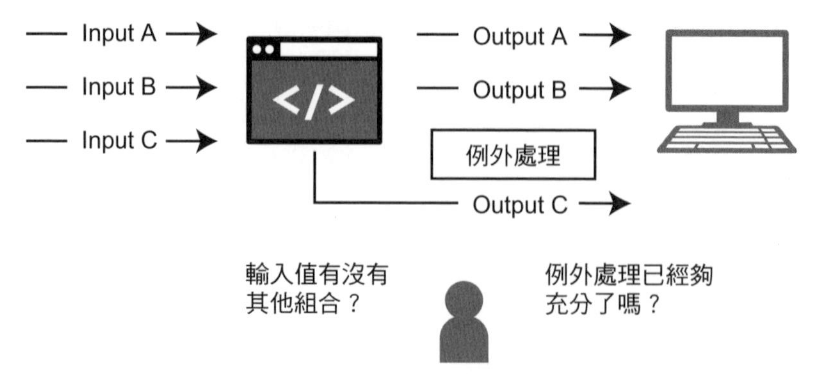

圖2-1　在單元測試中評估對函式的考量是否充分

● 整合測試

整合測試是著重在測試多個模組串連起來提供的功能。大型UI元件的功能很少由單一模組來提供完整功能，都是透過許多模組整合在一起來達到需要的功能。這些功能主要都是透過模組彼此互動而實現。我們以Web應用程式的元素總覽畫面來研究看看吧！

① 操作選擇框
② 改變URL的搜尋查詢內容
③ 配合搜尋查詢內容的改變，呼叫取得資料的API
④ 更新總覽畫面的顯示內容

只需要透過「操作選擇框」這一個動作，就能連帶處理到最後的「更新總覽畫面的顯示內容」都幫我們完成。而著眼於「執行了①之後、④也會執行」的測試，就是整合測試需要測試的功能。

剛剛的例子是涵蓋①～④的大範圍整合測試，不過有時候針對①～②小範圍進行整合測試也相當有效。當邊角案例的組合較複雜時，選擇執行小範圍整合測試，更能夠釐清需要測試的對象是哪個部分的功能。

● E2E測試

在既有的UI測試去加上包含了外部儲存裝置或連動的子系統的測試，在本書中稱之為「**E2E測試**」(End to End 測試)。由於會配合輸入內容來更新儲存的值，因此不僅可以測試跨越不同畫面的功能、也能用來驗證與外部的連動是否正常運作。

2-3 前端測試的目的

講解更細節的Web前端測試目的。

● 功能測試（interaction testing）

Web前端的主要開發對象是使用者所操作的UI元件。透過操作而改變狀態，提供且更新使用者想要的資訊。因此在大多數情況下，都將互動測試（interaction testing）直接當成功能測試來執行，書中跟各位分享的測試程式碼當中大部分也都是互動測試。

一聽到互動測試，大家可能腦海當中會浮現以無頭模式開啟瀏覽器（如Chromium），執行UI元件的情況。不過，使用React等函式庫所創建UI元件，其實不必用到瀏覽器也能進行互動測試。這是因為在「虛擬瀏覽器環境」中執行測試的關係，細節將會在後續的篇章提及。

沒有瀏覽器也可以做到的互動測試案例

- 按下按鈕、呼叫回呼函式
- 輸入文字後，將傳送按鈕的狀態變更為可點按
- 按下登出按鈕，畫面跳轉到登入畫面

圖2-2 沒有瀏覽器也可以做到的互動測試

至於需要真實的瀏覽器才能執行的功能測試，就會運用無頭瀏覽器＋UI自動化來執行。這是由於捲動跟sessionStorage等功能在虛擬瀏覽器環境當中尚未到位的關係。因此當測試環境需要與正式環境相同、也就是說需要忠實重現瀏覽器環境時的功能測試，就會選擇這邊的做法來執行。

需要瀏覽器才能執行的互動測試案例

- 將畫面捲動到最下方，載入新的資料
- 恢復儲存在sessionStorage當中的值

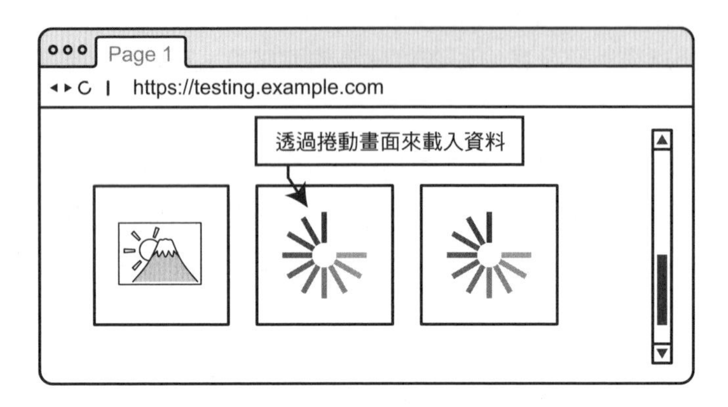

圖2-3　需要真實瀏覽器才能執行的互動測試

● 非功能性測試（accessibility testing）

無障礙性測試（accessibility testing）是非功能性測試其中之一。雖然統稱無障礙性測試，但其實測試項目五花八門。而要測試「使用鍵盤輸入的操作是否完備」跟「畫面對比度是否在視覺辨識上沒問題」時，適合的工具也不同。

不過，本書當中講解的無障礙性測試會選擇跟功能性測試裡一樣的工具，也就是「虛擬瀏覽器環境／真實瀏覽器環境」。由於非功能性測試是站在為功能性測試錦上添花的概念上來讓整體更完善，因此適合用來作為提升無障礙性的品質。

無障礙性測試案例

- 可順利將核取方塊打勾
- 顯示錯誤回應時，會渲染錯誤訊息的內容並朗讀出來
- 檢查目前所顯示的畫面是否都有符合無障礙性

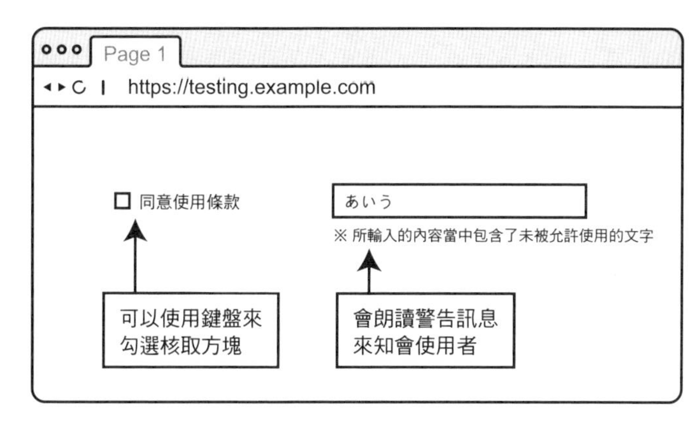

圖 2-4　無障礙性測試

● 視覺回歸測試（visual regression testing）

串接樣式表（Cascading Style Sheets，CSS）不僅有UI元件所定義的樣式，也會受到瀏覽器載入的串接樣式表的影響。截圖無頭瀏覽器所呈現的內容，並透過比對截圖來確認畫面外觀上是否有出現降級問題。也不單止是將顯示的UI元件截圖拿來互相比較，也能將使用者操作後為UI元件帶來的變化截圖進行比對。

視覺回歸測試案例

- 按鈕的外觀有無降級問題
- 點開選單欄確認有無降級問題
- 確認畫面顯示有無降級問題

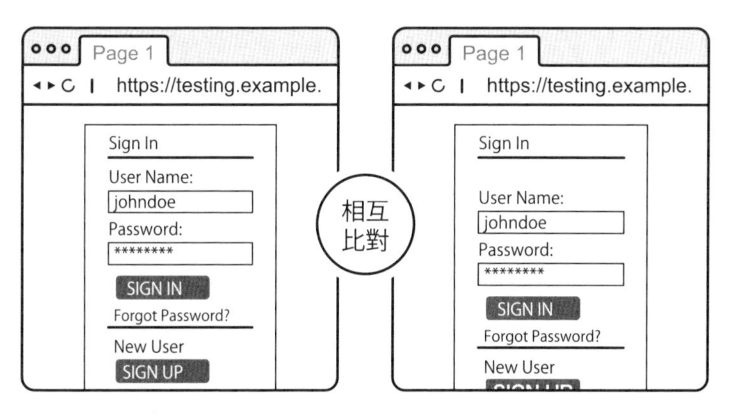

圖 2-5　視覺回歸測試

2-4 測試策略模型

剛剛講解的測試種類，可以如圖2-6的分層概念來進行分類。越上層的測試就越能忠實反映現況（近乎真實狀況的測試）。乍看之下，較佳的測試策略似乎是盡可能去多做能忠實呈現狀況的測試，然而卻不見得如此，因為越上層的測試就需要越多維護的程序，導致執行需要花費較多時間。

要執行上層測試就得要準備好近乎正式環境的測試環境，具體來說，會需要啟動專為測試準備的資料庫伺服器並設定就緒。此外，每次執行測試時也需要等待所有來自有相互連動的外部系統的回應。

這個測試所需要的「成本」會對開發帶來較大的影響，需要開發人員們進行充分的評估。整體來說，**如何設計「成本分配」並進行優化**，將會是測試策略最重要的研究項目。至於該如何針對需要研究的項目著手進行，就讓筆者來跟大家分享一些業界先進們所用過的測試策略模型。

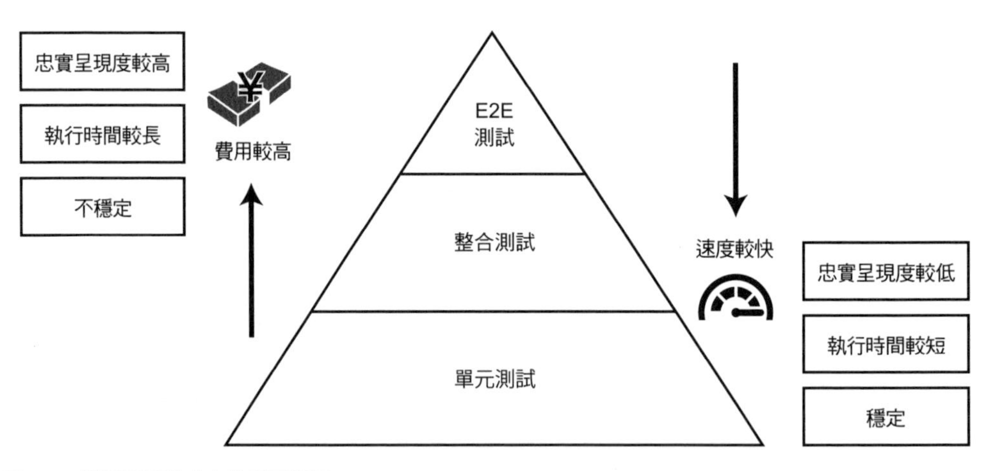

圖2-6　測試範圍與成本的相互關係

● 冰淇淋模型、測試金字塔

包含了較多上層測試項目的**冰淇淋模型（ice cream cone）**，被視為是策略模型的反面模式。不僅執行成本高、偶爾會出現失敗的不穩定測試也會需要耗費更多成本。

倘若通過全部的測試得要花上數十分鐘的時間，對日常開發流程將會造成影響。導致明明導入了自動化測試，卻因此而讓開發過程的體驗明顯劣化，衍生本末倒置的壞影響。雖然可以透過減少測試的執行頻率來作為因應方式，但這卻也會令自動化測試的可信度大打折扣。

測試金字塔是Mike Cohn於2009年的著作《Succeeding with Agile》中所提出的模型，當中提到了「每個測試層級應該寫多少測試」這個觀點，提倡當越下層的測試寫得越多，就會訂定出較穩定、性價比較佳的策略。

需要納入瀏覽器的上層測試，執行時間相關的成本就會較高。為此，我們讓下層測試更加完備，就能建立穩定且快速的測試策略。認為測試金字塔優秀的觀點，放到前端的自動化測試當中也可以說是一樣的（圖2-7）。

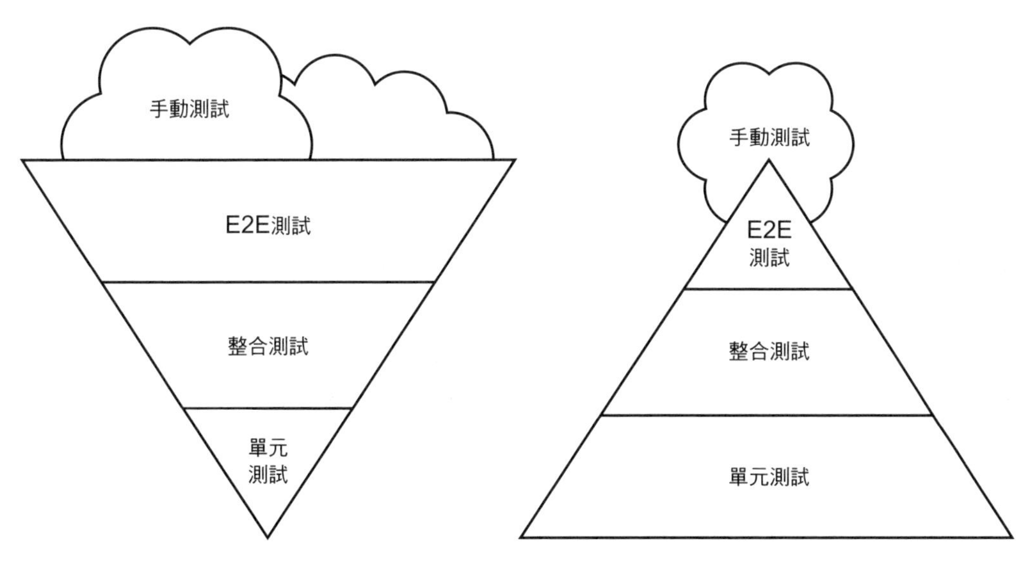

圖2-7　冰淇淋模型（左圖）、測試金字塔（右圖）對照

● 測試獎盃

測試獎盃會是本書主要用來作為題材的「Testing Library」開發者Kent C. Dodds.所提倡的策略模型，他認為當中佔比最重的應該放在「整合測試」。

Web前端開發當中，幾乎沒有任何一個功能是只需要單一UI元件就能實現的，例如操作UI元件時會向外部Web API送出請求的功能，通常都是由多個模組所組合而成才得以實現。

前端基於使用者操作（互動）來提供功能，因此Kent C. Dodds.認為只有讓基於使用者操作的整合測試更加完備，才能建立更良好的測試策略（圖2-8）。

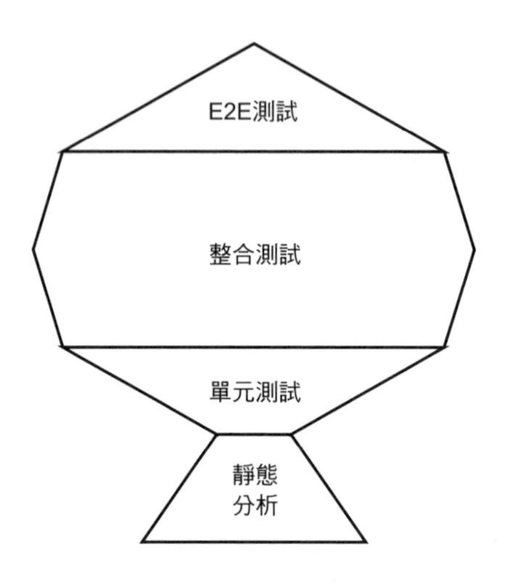

圖2-8　測試獎盃 ※2-1

使用Testing Library與Jest的測試，特色是不需要準備無頭瀏覽器就能執行使用者的操作。換言之，就是更有機會可以做到執行速度快、忠實呈現度高的測試。

※2-1　出處：https://kentcdodds.com/blog/write-tests

2-5 測試策略計畫

參考測試策略模型，選出最適合專案的測試方法。確實地檢視自己的專案，秉持「測試對象為何？」、「目的為何？」等明確判斷標準。那麼接下來就跟各位分享需要訂定專案測試策略時的判斷標準範例。

● 當沒有測試、對重構感到不安時

當已經發佈完成的專案沒有經過測試時，就會令人對重構感到不安。首先我們需要先列出已經發佈的功能清單。「確認變更前後有無出現問題」的測試，就等同於回歸測試。透過寫回歸測試，就可以積極地進入到程式碼重構的作業當中。

無法明確切割與Web API伺服器依賴的情況，就會令人感到不知該從何下手寫測試。此時會建議實施使用MockServer開源模擬框架來進行整合測試。視情況而定，可能不需要修改程式碼就能寫好測試，因此可以滿足「重構之前寫測試」的需求。對於已經發佈完成的專案來說應該相當好用！

透過在不同階段新增整合測試，需要重構的位置也會隨之增加。當重構跟增加測試等環節逐漸完備，努力朝向建立更穩定的測試金字塔前進吧（圖2-9）！

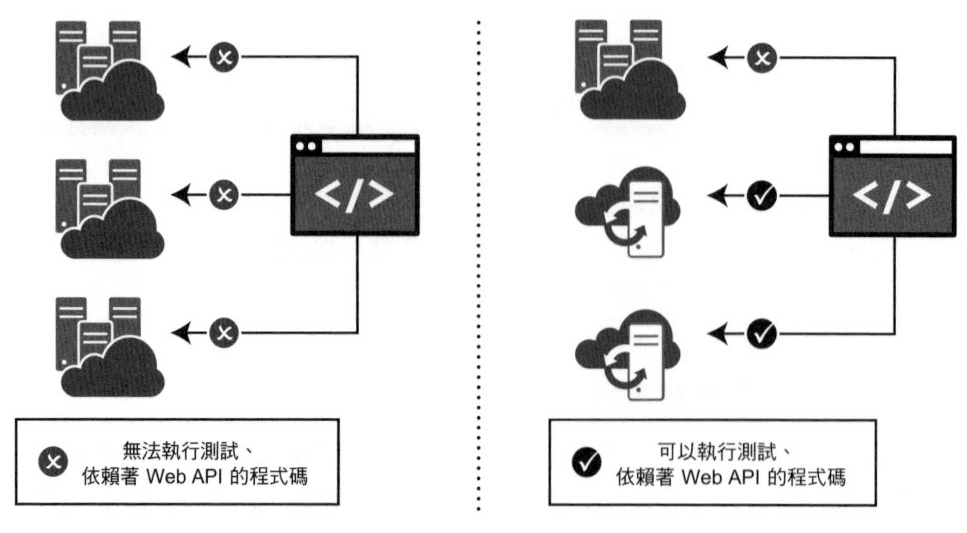

圖 2-9　更換為模擬伺服器，在每個階段加入測試

用模擬伺服器來執行整合測試的方法將會在第 7 章講解。

● 當專案包含了響應式布局時

響應式布局是僅用一個 HTML 文件就能提供許多不同的外觀。這不只是透過 JavaCsript 或使用者代理來呈現不同的顯示，還包含了許多透過 CSS 定義的顯示分歧處理在內。遇到響應式布局時，或許我們以為已經改好 PC 上的樣式了，但是卻可能影響到智慧型手機上的顯示（圖 2-10）。

使用 Testing Library 進行測試時，無法充分地將樣式都寫進測試裡。因此當需要在設備之間去提供不同樣式時，就需要能解釋 CSS 定義並驗證顯示結果的瀏覽器測試。而這樣的場景就須仰賴使用瀏覽器的視覺回歸測試。

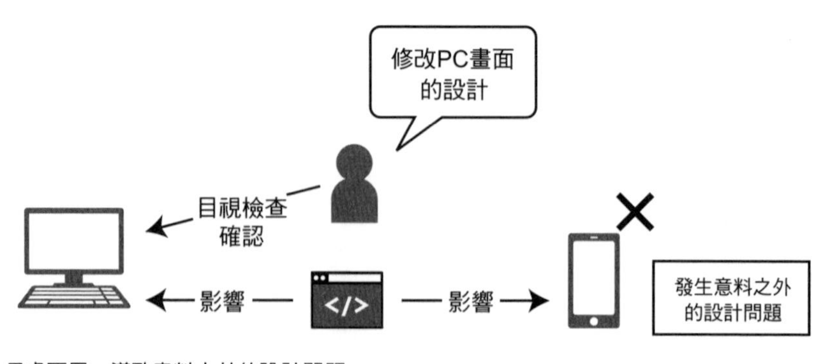

圖 2-10　思慮不周，導致意料之外的設計問題

有導入Storybook時，能以UI元件為單位來進行視覺回歸測試。當專案中含有響應式布局時，不妨可將應用Storybook的測試方法當作主軸，再額外補上稍感不足的測試內容。

使用Storybook執行的UI元件測試將會在第8章講解，而運用reg-suit的視覺回歸測試則會在第9章跟各位分享。

● 當想要執行包含資料永久儲存的E2E測試時

當我們想要執行的E2E測試並非是MockServer、而是包含了真正的Web API伺服器時，會使用測試專用的臨時環境（staging environment）。臨時環境是指盡可能接近正式環境的模式所建構而成的測試專用環境。E2E測試是在專案正式上線之前，由測試工程師依照測試程序書執行手動測試居多，但也有些情況會透過使用瀏覽器的UI自動化來執行※2-2。

另外也有毋須臨時環境的自動化測試方法。準備好用來重現相關系統的測試容器，以持續整合（continuous integration，CI）的方式啟動並實施測試，這是可以連動多個系統進行測試的方法。建構測試環境成本較低，有時候甚至開發工程師自己一個人就能準備好（圖2-11）。

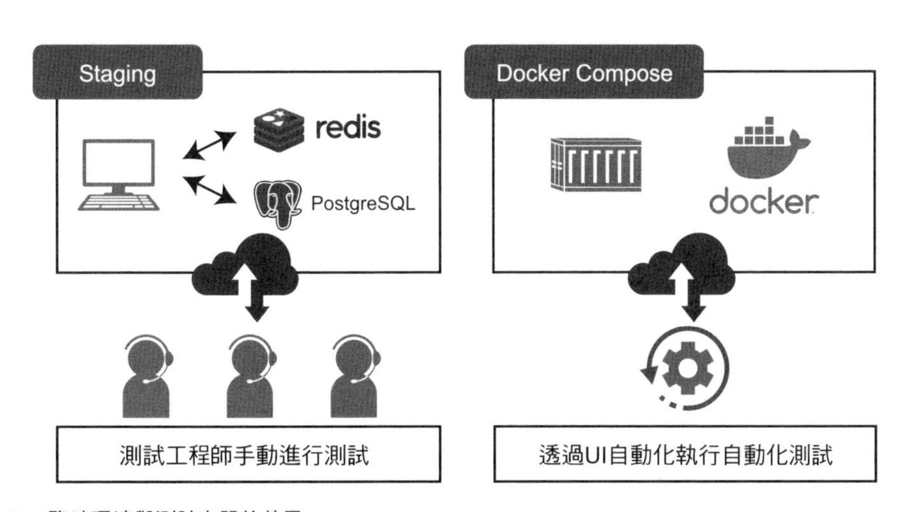

圖2-11　臨時環境與測試容器的差異

※2-2　使用瀏覽器的UI自動化，測試策略非常容易淪為冰淇淋模型。正式開始之前務必再次研究目的是否明確、是否透過小範圍測試就能滿足需求等。

除了知道如何使用E2E測試框架之外，也需要了解的容器虛擬化知識、相關系統初始設定知識。第10章將會講解包含持久層的E2E測試該怎麼進行。

column

審視是否寫了太多測試

看過剛才的介紹，可以知道測試類型與測試策略真的是五花八門。在寫了許多個測試的過程中，可能會發現有些測試範圍有重疊也說不定。例如先前也提過，當判斷Storybook或E2E測試較重要時，也有人認為這時UI元件的測試可以限縮到只要確認錯誤情況的組合就足夠。

這種重複測試的情況會在想要擴大測試時被注意到。以團隊的角度來檢視時，通常大家都會認為「之前所寫好的測試已經有涵蓋到這些範圍了」，不過當檢視角度提升到專案的高度來綜觀全局時，不免會有「測試是不是寫太多了？」的感受。

狠下心刪掉多餘的測試也非常重要。本書的範例為了學習之便，盡量將程式碼寫得較為詳細，但這並不見得適合所有專案。務必明確釐清自身專案的需求，並確實對照技術文件，在心中常懷「什麼樣的測試策略最符合專案的目標」的觀點，一定能找出最適合的解決方案。

第3章

單元測試入門

3-1 建構環境

書中的範例都使用了「Jest」測試框架。Jest是JavaScript／TypeScript專案中相當受歡迎的測試框架與測試執行器※3-1，由Meta（Meta Platforms, Inc.，原名Facebook）所發佈的開源軟體，不必太多複雜的設定就能開始使用，且從一開始就已經具備模擬架構跟計算程式碼覆蓋率的功能。

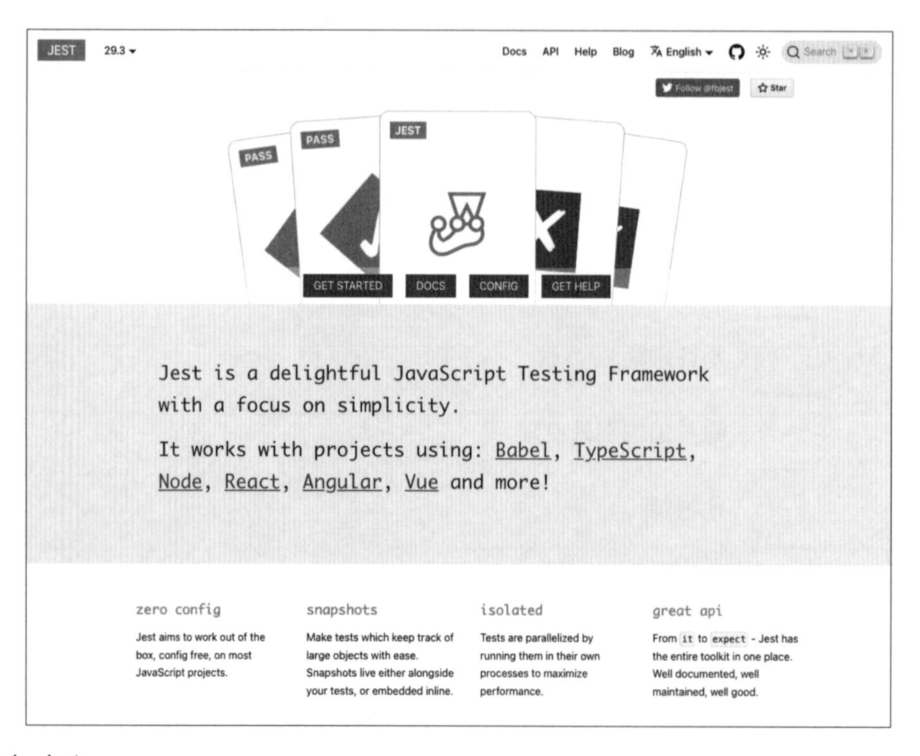

圖3-1　Jest

※3-1　https://jestjs.io/

● 準備開發環境

先確認開發環境當中是否已經安裝了最新版本的Node.js。本書撰寫時最新的Node.js長期支援版本是「18.13.0」。完成安裝後，請完整複製下方的程式碼儲存庫。

URL https://github.com/frontend-testing-book/unittest

完成複製後，要使用下方的命令來安裝依賴的模組。如此一來就準備好了執行測試程式碼的環境。

```bash
$ npm i
```


● 程式碼範本儲存庫的架構

在程式碼範本儲存庫當中，包含了書中第3章到第6章的講解內容。建議跟著本書的進度實際執行程式碼，相信會對加深理解有所幫助。

▶ 資料夾架構圖

3-2 組成測試的元素

講解組成測試的元素的用途與名稱。

程式碼範本 src/03/02

● 最簡單的測試

下面的函式是用來求出「和」的函式（List 3-1），會回傳第1引數(a)與第2引數(b)相加之後的結果。

▶ List 3-1 src/03/02/index.ts

TypeScript

```
export function add(a: number, b: number) {
  return a + b;
}
add(1, 2);
```

計算結果為3

我們在List 3-2針對這個函式進行測試，確認1加2等於3。

▶ List 3-2 src/03/02/index.test.ts

TypeScript

```
import { add } from "./";

test("add: 1 + 2 為 3", () => {
  expect(add(1, 2)).toBe(3);
});
```

與正式檔案有別，我們會將測試寫在「測試檔案」中，使用`import`來讀取測試對象（上面例子中是add函式）、然後執行測試。

- 正式檔案：src/03/02/index.ts
- 測試檔案：src/03/02/index.test.ts

書中的程式碼範本的命名規則是「正式檔案名稱.ts」，而測試檔案則是「正式檔案名稱.test.ts」。測試檔案的擺放位置並不一定會在正式檔案的旁邊。我們會在儲存庫路徑當中準備__test__目錄，大部分測試檔案都會放在裡面。

● 測試的組成元素

一個測試會由Jest的API的test函式來定義，而test函式則是由2個引數所組成。

```typescript
test(測試標題, 測試函式);
```

第1引數是測試標題，我們會放入易於理解測試內容的標題。

```typescript
test("1 + 2 為 3");
```

第2引數會用來寫測試函式的**斷言（assertion）**。斷言是用來驗證「驗證值跟期望值一樣」。

```typescript
test("1 + 2 為 3", () => {
  expect(驗證值).toBe(期望值);
});
```

斷言會由寫在except函式後面的**比對器（matcher）**所組成，在Jest當中內建了許多種類的比對器。

- 【斷言】except(驗證值).tobe(期望值)
- 【比對器】tobe(期望值)

在本節使用的是用來檢查是否等於特定值的toBe比對器。

● 建立測試群組

想要將多個有關聯的測試群組化時，可以用decsribe函式。在List 3-3當中，我們為add函式的測試們建立群組。跟test函式相同，是以describe（群組標題，群組函式）2個引數所組成。

▶ List 3-3 src/03/02/index.test.ts

```
TypeScript
describe("add", () => {
  test("1 + 1 為 2", () => {
    expect(add(1, 1)).toBe(2);
  });
  test("1 + 2 為 3", () => {
    expect(add(1, 2)).toBe(3);
  });
});
```

雖然test函式無法做成巢狀（nest），但describe函式可以。我們嘗試如下新增測試群組，裡面放的是處理減法的sub函式（List 3-4）。Add函式群組與sub函式群組都是四則運算函式，因此可以統整成一個「四則運算」群組。

▶ List 3-4 src/03/02/index.test.ts

```
TypeScript
describe("四則運算", () => {
  describe("add", () => {
    test("1 + 1 為 2", () => {
      expect(add(1, 1)).toBe(2);
    });
    test("1 + 2 為 3", () => {
      expect(add(1, 2)).toBe(3);
    });
  });
  describe("sub", () => {
    test("1 - 1 為 0", () => {
      expect(sub(1, 1)).toBe(0);
    });
    test("2 - 1 為 1", () => {
      expect(sub(2, 1)).toBe(1);
    });
  });
});
```

3-3 實施測試的方法

在我們剛才建立的執行環境當中，主要可以分為兩種執行方法。

● 從命令列介面（CLI）執行

在已經裝好Jest的專案中的package.json裡，新增如下的npm script（在之前所下載的程式碼範本中，一開始就已經寫好了）。

```json
{
  "scripts": {
    "test": "jest"
  }
}
```

在這個狀態下我們要執行下方的命令。尋找專案內的測試檔案，全部執行。

```bash
$ npm test
```

執行全部的測試檔案會需要花點時間。因此我們可以如下指定檔案路徑，僅執行某些特定的測試檔案，來節省時間。

```bash
$ npm test 'src/example.test.ts'
```

有需要新增測試程式碼時，就可以像這樣在逐一執行的過程中、一邊寫測試。

● 從Jest Runner執行

手動輸入檔案路徑通常有點麻煩。像Visual Studio Code（簡稱VSCode）這類的原始碼編輯器會有為Jest所準備的擴充功能。因此以VSCode來說，如能先安裝好「Jest Runner」的話就很方便。可從下方連結更深入了解。

URL https://marketplace.visualstudio.com/items?itemName=firsttris.vscode-jest-runner

完成安裝後，在測試／測試群組的左上方就會出現「Run | Debug」的文字。按下「Run」時，測試／測試群組就會在VSCode的終端機上執行（表3-1）。這個擴充功能可以省下在終端機裡手動輸入測試檔案路徑的功夫，讓我們更能集中精神在寫測試上。

表3-1　安裝Jest Runner前後的對比

安裝Jest Runner前	安裝Jest Runner後

describe("add", () => {
  test("1 + 1 為 2", () => {
    expect(add(1, 1)).toBe(2);
  });
  test("1 + 2 為 3", () => {
    expect(add(1, 2)).toBe(3);
  });
});
	Run | Debug
	describe("add", () => {
	  Run | Debug
	  test("1 + 1 為 2", () => {
	    expect(add(1, 1)).toBe(2);
	  });
	  Run | Debug
	  test("1 + 2 為 3", () => {
	    expect(add(1, 2)).toBe(3);
	  });
	});

想要執行所有測試時，就在終端機上執行`npm test`；想要執行特定測試時，則可以透過Jest Runner執行。

● 怎麼解讀執行結果

執行了測試後，從專案裡被抓出來執行的測試檔案的執行結果就會逐行顯示。測試成功的檔案會在顯示結果的最前頭出現「PASS」字樣。

```bash
PASS  src/03/06/index.test.ts
PASS  src/03/05/index.test.ts
PASS  src/03/07/index.test.ts
PASS  src/04/06/index.test.ts
PASS  src/04/04/index.test.ts
```

當所有測試都成功時

當從頭到尾的測試都執行完畢後，就會顯示結果概覽：找到29個測試檔案（Test Suites），126筆測試當中有122筆測試成功（4筆跳過≒保留），執行時間花了14.82秒。

```bash
Test Suites: 29 passed, 29 total
Tests:       4 skipped, 122 passed, 126 total
Snapshots:   9 passed, 9 total
Time:        11.205 s
Ran all test suites.
✨  Done in 14.82s.
```


當有部分測試失敗時

如果有測試失敗的話會怎麼顯示呢？我們在程式碼範本當中動點手腳，改成「1 + 1 = 3」這種擺明了會失敗的測試（List 3-5）。

▶ List 3-5　src/03/02/index.test.ts

```typescript
// test("1 + 1 為 2", () => {
//   expect(add(1, 1)).toBe(2);
// });
test("1 + 1 為 3", () => {
  expect(add(1, 1)).toBe(3);
});
```

改好後先存檔、然後再執行測試。可以看到檔案前面的字樣變成了紅色的「FAIL」。

```bash
FAIL  src/03/02/index.test.ts
```

終端機的訊息當中會詳細記錄測試失敗的位置與理由。Expected: 3,Received: 2 的意思就是在告訴我們這個測試「原本期待1 + 1 = 3，但實際上卻是2」。

```bash
FAIL  src/03/02/index.test.ts
 ● 四則運算 › add › 1 + 1 為 3

   expect(received).toBe(expected) // Object.is equality

   Expected: 3
   Received: 2
```

```
    4 |   describe("add", () => {
    5 |     test("1 + 1 為 3", () => {
  > 6 |       expect(add(1, 1)).toBe(3);
      |                         ^
    7 |     });
    8 |     test("1 + 2 為 3", () => {
    9 |       expect(add(1, 2)).toBe(3);

    at Object.<anonymous> (src/03/02/index.test.ts:6:25)
```

接著查看執行結果，可以發現跟剛剛不同的是出現了1筆測試失敗。

```bash
Test Suites: 1 failed, 28 passed, 29 total
Tests:       1 failed, 4 skipped, 121 passed, 126 total
Snapshots:   9 passed, 9 total
Time:        9.587 s
```

在這次演練當中由於很明顯是測試程式碼有錯，所以我們需要修改的是測試程式碼。如果遇到「測試程式碼跟程式原始碼看起來都沒有錯，但就是測不過」的時候，其實就是其中一方包含了問題的鐵證。我們可以透過執行結果的報告來找出問題、進行修正。

3-4 條件判斷

測試最主要就是能幫我們確認模組「是否有照我們所想（規範所定義）的形式開發完成？」。當程式越來越複雜，最主要會出現錯誤的原因就是「條件判斷」。所以基本上我們都會將寫測試的重點放在與條件判斷有關的部分。

程式碼範本 src/03/04

● 有上限的加法函式測試

前面介紹的add函式是單純用來求出第1引數與第2引數的「加總」(List 3-6)。

▶ List 3-6　src/03/04/index.ts

TypeScript
```
export function add(a: number, b: number) {
  return a + b;
}
add(1, 2);
```

一般而言，這種單純的計算只需要在程式裡寫個運算符「＋」就綽綽有餘了。將其切出並定義成一個函式，通常是因為希望將常見的處理步驟統整起來。

例如我們對add函式新增一個「回傳值的總計上限為100」的處理（List 3-7）。

▶ List 3-7　src/03/04/index.ts

TypeScript
```
export function add(a: number, b: number) {
  const sum = a + b;
  if (sum > 100) {
    return 100;
  }
  return sum;
}
```

用來測試這個功能的寫法則是如下（List 3-8）。所有測試都順利通過。

▶ List 3-8　表達測試內容的標題

TypeScript
```
test("50 + 50 為 100", () => {
  expect(add(50, 50)).toBe(100);
});
test("70 + 80 為 100", () => {
  expect(add(70, 80)).toBe(100);
});
```

但是，正常來說「70＋80＝100」是無解的結果。因此我們需要重新思考，想出一個更合適的測試標題來表達函式提供的功能。

▶ List 3-9　表達測試功能的標題

TypeScript

```
test("回傳值為第1引數與第2引數的「和」", () => {
  expect(add(50, 50)).toBe(100);
});
test("合計的上限為'100'", () => {
  expect(add(70, 80)).toBe(100);
});
```

如此一來，未來在使用這個功能時，只要看到這樣的測試程式碼，就能清楚知道「用意為何、做了什麼處理」。

● 有下限的減法函式測試

依此類推，處理減法的sub函式也可以新增「回傳值的總計下限為0」的條件（List 3-10）。

▶ List 3-10　src/03/04/index.ts

TypeScript

```
export function sub(a: number, b: number) {
  const sum = a - b;
  if (sum < 0) {
    return 0;
  }
  return sum;
}
```

用來測試這個功能的寫法如下（List 3-11）。

▶ List 3-11　src/03/04/index.test.ts

tsx

```
test("回傳值為第1引數與第2引數的「差」", () => {
  expect(sub(51, 50)).toBe(1);
});
test("回傳值的總計下限為'0'", () => {
  expect(sub(70, 80)).toBe(0);
});
```

3-5 臨界值與例外處理

在使用模組時，可能會因為用法不當而導致輸入值出現不是我們所期待的情況。此時透過**拋出例外（錯誤）**，可以幫助我們在開發過程中盡快找到問題。

程式碼範本 src/03/05

● TypeScript可以約束輸入值

先前所介紹的add函式，第1引數跟第2引數都設計為用來接收number型別的值。在導入了TypeScript的專案裡，可以為身為函式的輸入值的引數添加「型別註釋」。當引數被放入了無法互換型別的值時，就能在執行之前發現錯誤（List 3-12）。

▶ List 3-12　為函式引數添加型別註釋

TypeScript

```
export function add(a: number, b: number) {
  const sum = a + b;
  if (sum > 100) {
    return 100;
  }
  return a + b;
}
add(1, 2); ← 不會導致型別錯誤
add("1", "2"); ← 會造成型別錯誤
```

有導入TypeScript就能儘早發現這類的失誤，所以a、b兩者都不需要「如果輸入的值不是數值，就需要作為例外來排除」的設計。

不過，單靠靜態型別還不夠。倘若想要對期待值進行更細節的設定，例如將輸入值限制在某個範圍內時，就需要設計在程式運作時可以拋出例外的功能。

● 加入例外處理

來嘗試對add函式新增「引數a、b只能是0～100的數值」的設計吧！這就是型別註釋難以做到的限制。如果在剛才的設計當中去輸入「-10」或「110」時也不會被拒絕，這可稱不上是夠好的設計（List 3-13）。

▶ List 3-13　型別註釋能給的限制不多

TypeScript

```
test("總計的上限為'100'", () => {
  expect(add(-10, 110)).toBe(100);
});
```

於是當我們對add函式新增下面的處理後，就能符合規範了。當輸入值不符合期待值時就拋出例外，再進行總計的計算之前程式就會終止（List 3-14）。

▶ List 3-14　驗證輸入值是否有在既定範圍內

TypeScript

```
export function add(a: number, b: number) {
  if (a < 0 || a > 100) {
    throw new Error("請輸入0～100之間的值");
  }
  if (b < 0 || b > 100) {
    throw new Error("請輸入0～100之間的值");
  }
  const sum = a + b;
  if (sum > 100) {
    return 100;
  }
  return a + b;
}
```

加入了這個修改後，我們在用剛剛超過範圍的值來測試看看，就會看到訊息跳出通知失敗（在測試函式中發生了未處理的例外時，測試也會失敗）。

bash

```
請輸入0～100之間的值
```

在小小的函式當中加入例外處理，就能在開發過程中儘早注意到程式碼當中的問題。

● 驗證拋出例外的測試

由於我們希望這個函式「收到範圍之外的值時要拋出例外」，所以要來變更斷言。這時except的引數就不是放入值、而是「會發生例外的函式」。比對器要使用toThrow。

TypeScript
```
expect(會拋出例外的函式).toThrow();
```

所謂「會拋出例外的函式」是像下例那樣以箭頭函式來進行包裝（List 3-15）。藉此就能驗證「拋出例外」。

▶ List 3-15　驗證拋出例外的斷言

TypeScript
```
// 錯誤寫法
expect(add(-10, 110)).toThrow();
// 正確寫法
expect(() => add(-10, 110)).toThrow();
```

讓我們測試看看不會拋出例外的條件（List 3-16）。

▶ List 3-16　沒有拋出例外，測試失敗

TypeScript
```
expect(() => add(70, 80)).toThrow();
```

由於這次「沒有拋出例外」，所以測試失敗。

bash
```
expect(received).toThrow()

Received function did not throw

  2 |
  3 | test("沒有拋出例外，測試失敗", () => {
> 4 |   expect(() => add(70, 80)).toThrow();
    |                             ^
  5 | });
  6 |
```

● 運用錯誤訊息進行更細部的驗證

我們可以在處理例外的toThrow比對器的引數裡，更詳細地來驗證拋出來的例外的內容。在稍早的例子裡實例化Error時，我們就有放入了「請輸入0～100之間的值」的訊息（List 3-17）。

▶ List 3-17　產生Error的實例

TypeScript
```
throw new Error("請輸入0～100之間的值");
```

將這段訊息放入toThrow比對器的引數，進行驗證（List 3-18）。

▶ List 3-18　驗證錯誤訊息是否符合期望

TypeScript
```
test("當引數為'0～100'以外的值時，拋出例外", () => {
  expect(() => add(110, -10)).toThrow("請輸入0～100之間的值");
});
```

嘗試將錯誤訊息改為「0～1000」，看看測試失敗時的情況（List 3-19）。

▶ List 3-19　由於錯誤訊息與期望相左、測試失敗

TypeScript
```
expect(() => add(110, -10)).toThrow("請輸入0～1000之間的值");
```

例外除了可以這樣來刻意拋出之外，也可能會因為預期之外的錯誤而產生。所以在寫測試時如果可以意識到「例外是否會依照我們的期望來被拋出？」，或許就能寫出更完整的測試囉！

● 運用instanceof運算符進行更細部的驗證

靈活運用擴充之後的Error類別，能增加設計的廣度。比方說List 3-20就是從Error衍生出來的兩個類別。雖然只不過是對Error做了extends而已，但從HttpError和RangeError所產生的實例是可以使用instanceof運算符來區分為不同的實例的（List 3-20）。

▶ List 3-20　不必新增衍生類別，也能為驗證實例發揮效用

TypeScript
```
export class HttpError extends Error {}
export class RangeError extends Error {}

if (err instanceof HttpError) {
  // 捕捉到的例外為HttpError實例時
}
if (err instanceof RangeError) {
  // 補說到的例外為RangeError實例時
}
```

用這個擴充類別建立「檢查輸入值」的函式，它的功能是當引數超出了0～100的範圍時，只會拋出RangeError實例（List 3-21）。

▶ List 3-21　拋出RangeError實例

TypeScript
```
function checkRange(value: number) {
  if (value < 0 || value > 100) {
    throw new RangeError("請輸入0～100之間的值");
  }
}
```

將這個checkRange函式用在add函式看看。與一開始跟各位分享的add函式相比，這裡因為透過同一個拋出例外的條件if (value < 0 | | value > 100)來管理著a與b，品質獲得了提昇（List 3-22）。

▶ List 3-22　將checkRange函式加入add函式內

TypeScript
```
export function add(a: number, b: number) {
  checkRange(a);
  checkRange(b);
  const sum = a + b;
  if (sum > 100) {
    return 100;
  }
  return a + b;
}
```

然後，只能被checkRange函式拋出的RangeError就可以拿來用於測試了。可以看到下面toThrow比對器的引數當中不是放入訊息、而是imoprt後的類別（List 3-23）。這樣寫就可以測試拋出的例外「是否為該類別的實例？」。

▶ List 3-23　驗證是否為該類別的實例

```
TypeScript
// 由於拋出的例外為RangeError，測試失敗
expect(() => add(110, -10)).toThrow(HttpError);
// 由於拋出的例外為RangeError，測試成功
expect(() => add(110, -10)).toThrow(RangeError);
// 由於拋出的例外為Error的衍生類別，測試成功
expect(() => add(110, -10)).toThrow(Error);
```

像第3個例子指定的是Error這個比RangeError還要高階的類別時就需要特別注意。總是類別不同，但由於RangerError是從Error衍生而來的衍生類別，所以測試結果依然是成功的。倘若想要拋出的目標是RangerError，在斷言當中就指定RangeError比較適當。

本小節當中跟各位分享的程式碼範本彙整如下（List 3-24）。

▶ List 3-24　src/03/05/index.ts

```
TypeScript
export class RangeError extends Error {}

function checkRange(value: number) {
  if (value < 0 || value > 100) {
    throw new RangeError("請輸入0～100之間的值");
  }
}

export function add(a: number, b: number) {
  checkRange(a);
  checkRange(b);
  const sum = a + b;
  if (sum > 100) {
    return 100;
  }
  return a + b;
}
```

```
export function sub(a: number, b: number) {
  checkRange(a);
  checkRange(b);
  const sum = a - b;
  if (sum < 0) {
    return 0;
  }
  return sum;
}
```

新增的測試部分則請參照下方（List 3-25）。

▶ List 3-25　src/03/05/index.test.ts

TypeScript

```
import { add, RangeError, sub } from "./test3";

describe("四則運算", () => {
  ～～～～～～～～ 中略 ～～～～～～～～
  describe("add", () => {
    test("當引數為'0～100'以外的值時，拋出例外", () => {
      const message = "請輸入0～100之間的值";
      expect(() => add(-10, 10)).toThrow(message);
      expect(() => add(10, -10)).toThrow(message);
      expect(() => add(-10, 110)).toThrow(message);
    });
  });
  describe("sub", () => {
    ～～～～～～～～ 中略 ～～～～～～～～
    test("當引數為'0～100'以外的值時，拋出例外", () => {
      expect(() => sub(-10, 10)).toThrow(RangeError);
      expect(() => sub(10, -10)).toThrow(RangeError);
      expect(() => sub(-10, 110)).toThrow(Error);
    });
  });
});
```

3-6 比對器

斷言會使用「比對器」來驗證目標值是否有滿足期望值。為了要在測試當中記下「什麼樣的值是期望值？」，接下來就讓我們來學習比對器的詞彙吧。

程式碼範本 src/03/06

● 驗證布林值

toBeTruthy是值為「真」時通過驗證，反之，toBeFalsy則是值為「假」時可以通過驗證。而在這些比對器前方加上not，可以讓判斷180度翻轉（List 3-26）。

▶ List 3-26　src/03/06/index.test.ts

```typescript
test("驗證「值為真」", () => {
  expect(1).toBeTruthy();
  expect("1").toBeTruthy();
  expect(true).toBeTruthy();
  expect(0).not.toBeTruthy();
  expect("").not.toBeTruthy();
  expect(false).not.toBeTruthy();
});

test("驗證「值為假」", () => {
  expect(0).toBeFalsy();
  expect("").toBeFalsy();
  expect(false).toBeFalsy();
  expect(1).not.toBeFalsy();
  expect("1").not.toBeFalsy();
  expect(true).not.toBeFalsy();
});
```

null跟undefined也會跟toBeFalsy有一樣的結果。可是如果想要驗證是否為null或undefined時，建議還是應該選用toBeNull跟toBeUndefined會更精準（List 3-27）。

▶ List 3-27　src/03/06/index.test.ts

```
TypeScript
test("驗證「null、undefined」", () => {
  expect(null).toBeFalsy();
  expect(undefined).toBeFalsy();
  expect(null).toBeNull();
  expect(undefined).toBeUndefined();
  expect(undefined).not.toBeDefined();
});
```


● 驗證數值

在數值的驗證當中，除了等於之外，還有「大於」跟「小於」的比對器（List 3-28）。

▶ List 3-28　src/03/06/index.test.ts

```
TypeScript
describe("驗證數值", () => {
  const value = 2 + 2;
  test("驗證值等於期望值", () => {
    expect(value).toBe(4);
    expect(value).toEqual(4);
  });
  test("驗證值大於期望值", () => {
    expect(value).toBeGreaterThan(3);          ← 驗證 4>3
    expect(value).toBeGreaterThanOrEqual(4);   ← 驗證 4>=4
  });
  test("驗證值小於期望值", () => {
    expect(value).toBeLessThan(5);             ← 驗證 4<5
    expect(value).toBeLessThanOrEqual(4);      ← 驗證 4<=4
  });
});
```

在JavaScript計算小數點會有誤差，這是因為將10進位的小數點轉換為2進位來計算所致。如果我們想要在不使用可以正確計算小數點的函式庫的情況下、去驗證小數點計算時，可以使用toBeCloseTo比對器（List 3-29），在第2引數裡可以指定要確認到小數點後第幾位數。

▶ List 3-29 src/03/06/index.test.ts

```typescript
test("小數點計算不正確", () => {
  expect(0.1 + 0.2).not.toBe(0.3);
});
test("指定比較到小數點後第n位數", () => {
  expect(0.1 + 0.2).toBeCloseTo(0.3); // ← 預設為小數點後兩位
  expect(0.1 + 0.2).toBeCloseTo(0.3, 15);
  expect(0.1 + 0.2).not.toBeCloseTo(0.3, 16);
});
```

● 驗證字串

驗證字串時除了完全相等的比較之外，還有「字串當中部分吻合的toContain」跟「正規表達式toMatch」這些比對器可以選用。此外，toHaveLength則用來驗證字串長度（List 3-30）。

▶ List 3-30 src/03/06/index.test.ts

```typescript
const str = "你好，世界";
test("驗證值等於期望值", () => {
  expect(str).toBe("你好，世界");
  expect(str).toEqual("你好，世界");
});
test("toContain", () => {
  expect(str).toContain("世界");
  expect(str).not.toContain("再見");
});
test("toMatch", () => {
  expect(str).toMatch(/世界/);
  expect(str).not.toMatch(/再見/);
});
test("toHaveLength", () => {
  expect(str).toHaveLength(7);
  expect(str).not.toHaveLength(8);
});
```

想要驗證包含在物件中的字串時，會用到stringContaining跟stringMatching。當目標屬性內包含了期望值字串的部分內容時，測試就會成功（List 3-31）。

▶ List 3-31　src/03/06/index.test.ts

```
TypeScript
const str = "你好，世界";
const obj = { status: 200, message: str };
test("stringContaining", () => {
  expect(obj).toEqual({
    status: 200,
    message: expect.stringContaining("世界"),
  });
});
test("stringMatching", () => {
  expect(obj).toEqual({
    status: 200,
    message: expect.stringMatching(/世界/),
  });
});
```

● 驗證陣列

當想要驗證陣列當中是否包含了特定的原始型別時，會使用 toContain。而打算驗證陣列元素數量時則會使用 toHaveLength（List 3-32）。

▶ List 3-32　src/03/06/index.test.ts

```
TypeScript
const tags = ["Jest", "Storybook", "Playwright", "React", "Next.js"];
test("toContain", () => {
  expect(tags).toContain("Jest");
  expect(tags).toHaveLength(5);
});
```

要驗證陣列中有無包含特定物件時會用 toContainEqual。使用 arrayContaining時如果引數當中包含了全部的陣列元素，測試就會成功。這些都是等價關係（List 3-33）。

▶ List 3-33　src/03/06/index.test.ts

```
TypeScript
const article1 = { author: "taro", title: "Testing Next.js" };
const article2 = { author: "jiro", title: "Storybook play function" };
const article3 = { author: "hanako", title: "Visual Regression Testing " };
```

```
const articles = [article1, article2, article3];
test("toContainEqual", () => {
  expect(articles).toContainEqual(article1);
});
test("arrayContaining", () => {
  expect(articles).toEqual(expect.arrayContaining([article1, article3]));
});
```

● 驗證物件

想要驗證物件時，可以用 `toMatchObject`。當屬性當中有一部分吻合時，這個比對器的測試就會成功。而當屬性不吻合時就會測試失敗。因此如果打算驗證是偶存在特定屬性時，會需要用 `toHaveProperty`（List 3-34）。

▶ List 3-34　src/03/06/index.test.ts

TypeScript

```
const author = { name: "taroyamada", age: 28 };
test("toMatchObject", () => {
  expect(author).toMatchObject({ name: "taroyamada", age: 28 });
  expect(author).toMatchObject({ name: "taroyamada" }); ← 存在不吻合的屬性
  expect(author).not.toMatchObject({ gender: "man" }); ← 部分吻合
});
test("toHaveProperty", () => {
  expect(author).toHaveProperty("name");
  expect(author).toHaveProperty("age");
});
```

`objectContaining` 會用在想要驗證物件當中是否包含物件時。當目標的屬性跟期望值的物件有局部吻合，測試就會成功（List 3-35）。

▶ List 3-35　src/03/06/index.test.ts

TypeScript

```
const article = {
  title: "Testing with Jest",
  author: { name: "taroyamada", age: 38 },
};
test("objectContaining", () => {
  expect(article).toEqual({
    title: "Testing with Jest",
```

```
    author: expect.objectContaining({ name: "taroyamada" }),
  });
  expect(article).toEqual({
    title: "Testing with Jest",
    author: expect.not.objectContaining({ gender: "man" }),
  });
});
```


3-7 非同步測試

使用JavaScript寫程式絕對少不了非同步處理。舉凡從外部API取得資料、或是載入檔案等，幾乎每個環節都會需要非同步處理。在這一小節當中將會講解怎麼測試非同步處理的函式。

程式碼範本 src/03/07

● 測試目標的函式

我們準備了一個簡單的函式（List 3-36）來講解非同步處理的測試該怎麼寫。這是個在引數裡放入「等待時間」，就會依照值所代表的時間長度進行等待，並將經過時間作為回傳值來執行resolve的函式。

▶ List 3-36 src/03/07/index.ts

TypeScript

```
export function wait(duration: number) {
  return new Promise((resolve) => {
    setTimeout(() => {
      resolve(duration);
    }, duration);
  });
}
```

非同步處理的測試有好幾種，就讓我們一一看下去吧！

● 會回傳Promise的寫法

第一個方法是在會回傳Promise給then的函式內寫斷言（List 3-37）。執行wait函式後，就會產生Promise實例，將這作為測試函式的回傳值來進行return，我們就靜靜等待測試的判定直到Promise解決。

▶ List 3-37　src/03/07/index.test.ts

TypeScript
```
test("當指定時間一到、以經過時間執行resolve", () => {
  return wait(50).then((duration) => {
    expect(duration).toBe(50);
  });
});
```

第二個方法是回傳使用了resolves的斷言。當wait函式想要驗證執行了resolve後的值時，這樣的寫法會比List 3-37來得更單純（List 3-38）。

▶ List 3-38　src/03/07/index.test.ts

TypeScript
```
test("當指定時間一到、以經過時間執行resolve", () => {
  return expect(wait(50)).resolves.toBe(50);
});
```

● 用async/await來寫

第三個方法是將async函式當作測試函式，在函式內等待Promise去解決。用了resolves比對器的斷言也能使用await來等待（List 3-39）。

▶ List 3-39　src/03/07/index.test.ts

TypeScript
```
test("當指定時間一到、以經過時間執行resolve", async () => {
  await expect(wait(50)).resolves.toBe(50);
});
```

第四種方法是等到身為驗證值的Promise解決之後，再展開為斷言。這是最單純的寫法（List 3-40）。

▶ List 3-40　src/03/07/index.test.ts

```typescript
test("當指定時間一到、以經過時間執行resolve", async () => {
  expect(await wait(50)).toBe(50);
});
```

用async/await來寫時，其他非同步處理的斷言也能一起容納在同一個測試函式當中。

● 驗證Reject的測試

那麼也來看看下面這個透過一定會reject的函式來驗證「執行reject」的測試寫法吧！

▶ List 3-41　src/03/07/index.ts

```typescript
export function timeout(duration: number) {
  return new Promise((_, reject) => {
    setTimeout(() => {
      reject(duration);
    }, duration);
  });
}
```

第一個方法是return Promise寫法。在要傳給catch方法的函式當中寫斷言（List 3-42）。

▶ List 3-42　src/03/07/index.test.ts

```typescript
test("當指定時間一到、以經過時間執行reject", () => {
  return timeout(50).catch((duration) => {
    expect(duration).toBe(50);
  });
});
```

第二個方法是應用使用了reject比對器的斷言。看是要return斷言、或是在async函式當中等待Promise解決（List 4-43）。

▶ List 3-43　src/03/07/index.test.ts

```typescript
test("當指定時間一到、以經過時間執行reject", () => {
  return expect(timeout(50)).rejects.toBe(50);
});

test("當指定時間一到、以經過時間執行reject", async () => {
  await expect(timeout(50)).rejects.toBe(50);
});
```

第三個方法是用try...catch語法。在try區塊內觸發Unhandled Rejection、然後用catch區塊捕捉該錯誤，以斷言進行驗證（List 3-44）。

▶ List 3-44　src/03/07/index.test.ts

```typescript
test("當指定時間一到、以經過時間執行reject", async () => {
  expect.assertions(1);
  try {
    await timeout(50);
  } catch (err) {
    expect(err).toBe(50);
  }
});
```

● 確認測試程式碼符合期望

下面的測試當中有包含錯誤（List 3-45）。如註解所述，尚未抵達想要執行的斷言，測試就已經結束（成功）了。

▶ List 3-45　src/03/07/index.test.ts

```typescript
test("當指定時間一到、以經過時間執行reject", async () => {
  try {
    await wait(50); // 本應是timeout函式才對、卻寫成了wait函式
    // 到這邊測試就結束了，測試成功
  } catch (err) {
    // 斷言未被執行
    expect(err).toBe(50);
  }
});
```

為了不要發生這類的錯誤，要在測試函式的前頭加上expect.assertions。驗證「斷言會執行」這件事本身，引數則將預計執行次數設定為期望值（List 3-46）。

▶ List 3-46　src/03/07/index.test.ts

TypeScript

```
test("當指定時間一到、以經過時間執行reject", async () => {
  expect.assertions(1); // 期望斷言會執行1次
  try {
    await wait(50);
    // 由於1次也沒有執行斷言，測試失敗
  } catch (err) {
    expect(err).toBe(50);
  }
});
```

在非同步處理的測試的前頭加上expect.assertions，有機會減少敘述上的失誤。

剛剛介紹了許多種非同步測試，各位都可以選擇自認最合適的方法。不過，將.resolves跟.rejects當作比對器使用時需要多加留意。

wait函式是等待2000毫秒就會回傳2000的非同步函式，因此下方的測試雖然乍看之下快要失敗（List 3-47），最後卻是成功了。正確來說不該講「成功」，而是完全沒到斷言就結束了。

▶ List 3-47　src/03/07/index.test.ts

TypeScript

```
test("由於沒有return，在Promise解決之前測試就結束了", ➡
() => {
  // 希望失敗而寫的斷言
  expect(wait(2000)).resolves.toBe(3000);
  // 正確應該是要return斷言
  // return expect(wait(2000)).resolves.toBe(3000);
});
```

如註解所寫的，測試函式為同步函式時，就必須return斷言。有些測試由於得要寫好幾個斷言，因此容易不小心就忘記需要執行return。為了要避免這種情況而將測試改成包含非同步處理的測試時，建議要注意以下幾點。

- 含有非同步處理的測試，用`async`函式來寫測試函式
- 斷言中有`.resolves`或`.rejects`時，使用`await`
- 用`try...catch`語法來驗證拋出例外時，記得加上`except.assertions`

此外，在《非同期処理：Promise/Async Function》（https://jsprimer.net/basic/async/）這本書中詳盡講解了有關於JavaScript的非同步處理內容，相當值得一讀。

第 4 章

模擬（Mock）

4-1 模擬的目的

4-2 運用模擬模組的 Stub

4-3 Web API 的模擬基礎

4-4 Web API 模擬生成函式

4-5 使用模擬函式的 Spy

4-6 Web API 的細部模擬

4-7 依賴當前時間的測試

4-1 模擬的目的

讓測試環境盡量跟正式環境相同，能讓測試更具可信度。只是，有些測試需要花上較多時間、或者有些環境難以輕鬆完成建構。最具代表性的不外乎就是以Web API來處理取得的資料時，使用Web API獲取資料時可能由於網路連線問題而「失敗」。因此其實不是只有「成功的情況」需要測試，「失敗的情況」也需要測試。

如果可以在正式的Web API伺服器備妥測試環境，應就能測試「成功的情況」。可是，想測試「失敗的情況」該怎麼辦呢？在正式的Web API去放入一定會測出失敗的測試可不是個明智之舉。此外，要是使用的Web API是外部所提供的服務，就更不可能妄想把測試放上去了。

Web API不見得需要存在於測試環境當中，因為需要被驗證的部分並非是Web API、而是「如何去處理收到的資料」。這時以「收到的資料的替代品」的角色粉墨登場的就是**模擬（Mock）**（測試替身，test double）。模擬不僅可以幫我們運行較難執行的測試之外，也能提升效率。

● 模擬相關詞彙整理

在模擬（測試替身）當中，有著如**Stub**、**Spy**等不同用途的物件稱呼。Stub／Spy在所有程式語言的自動化測試相關文件當中都有定義，大致都是引用自Gerard Meszaros所著之《xUnit Test Patterns: Refactoring Test Code》（爾後若提及時會以《xUnit》代稱）。

首先就來看看它們的用途吧！

Stub的用途

Stub的主要用途是「替代」。

- 替代依賴中的元件
- 指定回傳預設值
- 負責把「輸入」放到測試對象中

當測試對象所依賴的元件對我們帶來些許不便的時候，例如想要驗證依賴Web API的測試對象，Stub就能派上用場了。Stub可以做到「當收到來自於Web API回傳了這樣的值時，就執行這個動作」的測試。測試對象一旦存取了Stub，Stub就會回傳原先設定好的值（圖4-1）。

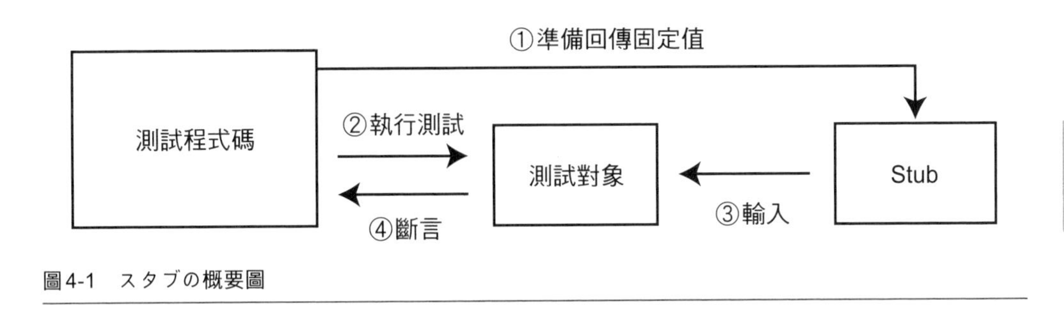

圖4-1　スタブの概要圖

Spy的用途

Spy的主要用途是「記錄」。

- 記錄呼叫過的函數跟方法
- 記錄呼叫次數、執行時的引數
- 負責確認測試對象的「輸出」

Spy是用來驗證測試對象向外的輸出，如函式引數的回呼函式。由於Spy可以記錄下執行回呼函式時的「次數」、「執行時的引數」，因此可以驗證是否依照我們的需求確實執行了正確的呼叫（圖4-2）。

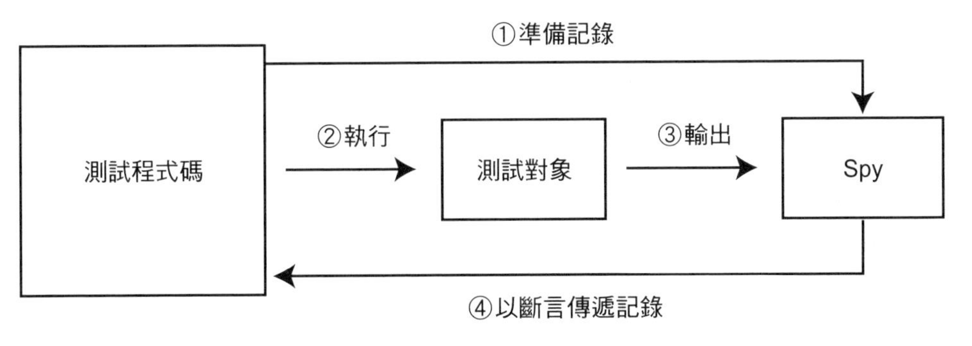

圖4-2　Spy簡圖

● Jest中的用詞混淆

在Jest裡沒有忠實呈現依照《xUnit》用詞定義的API。要搭載如Stub、Spy的功能需要透過**模擬模組**（`jest.mock`）、**模擬函式**（`jest.fn`、`jest.spyOn`）這些API才行。而使用這些替代的方式時大多會稱其為「模擬」，但這跟《xUnit》的用詞定義其實存在著差異。

在書中如果遇到的是與前述「Stub／Spy」明確定義相符者，則會註記為「Stub」跟「Spy」；若同時包含兩者的用途時則會註記為「模擬」，敬請見諒。

4-2 運用模擬模組的Stub

該如何使用Jest的模擬模組來套用到所依賴的模組的Stub呢？※4-1。執行單元測試跟整合測試時，有時候我們會遇到未安裝、或者含有依賴著妨礙測試的模組等情況。這時我們可以替換掉帶來不方便的模組，讓原本無法測試的對象變得可以測試（圖4-3）。

程式碼範本 `src/04/02`

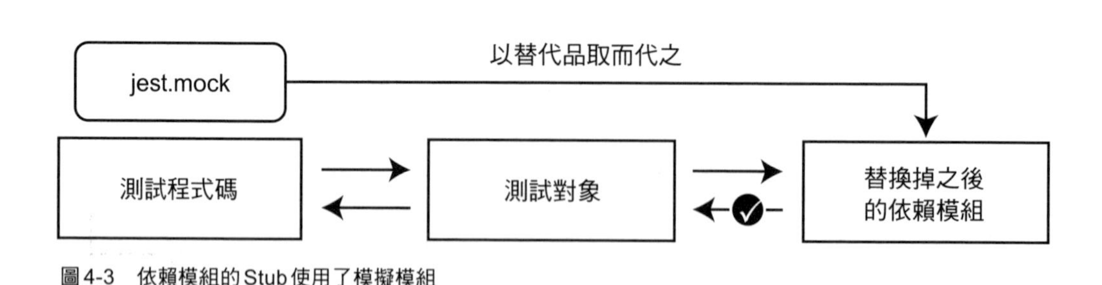

圖4-3　依賴模組的Stub使用了模擬模組

※4-1　https://jestjs.io/ja/docs/jest-object#モックモジュール

● 測試對象的函式

先來看測試對象（List 4-1）。有兩個回傳歡迎詞內容的函式，其中sayGoodbye函式尚未完成開發，因此我們假設它會妨礙我們測試。於是在測試中針對sayGoodbye函式放入替代品。

▶ List 4-1　src/04/02/greet.ts

TypeScirpt
```
export function greet(name: string) {
  return `Hello! ${name}.`;
}

export function sayGoodBye(name: string) {
  throw new Error("未完成開發");
}
```

● 一般的測試

接著看第一個測試檔（List 4-2）。import了的greet函式順利測試成功。

▶ List 4-2　src/04/02/greet1.test.ts

TypeScirpt
```
import { greet } from "./greet";

test("回傳歡迎詞（與原設計同）", () => {
  expect(greet("Taro")).toBe("Hello! Taro.");
});
```

第二個測試檔的差異在於一開始就先呼叫了jest.mock函式（List 4-3）。結果原本應已完成開發的greet函式出現不如預期的結果，導致回傳了undefined。直接在一開始就執行jest.mock，就表示會執行替換目標模組的準備。

▶ List 4-3　src/04/02/greet2.test.ts

```typescript
import { greet } from "./greet";

jest.mock("./greet"); ◀──────── 新增jest.mock

test("沒有回傳歡迎詞（原本並非如此設計）", () => {
  expect(greet("Taro")).toBe(undefined);
});
```

● 將模組替換為Stub

第三個測試檔案已經放入了替代品（List 4-4）。jest.mock的第2個引數就是用來放替代品的函式，我們將其換成sayGoodbye函式。原本在這邊是會拋出Error，讓相關的測試得以成功。像這樣在測試當中替換掉一部分的模組，即便有妨礙測試的部分環節存在，測試依然可以執行。

▶ List 4-4　src/04/02/greet3.test.ts

```typescript
import { greet } from "./greet";

jest.mock("./greet", () => ({
  sayGoodBye: (name: string) => `Good bye, ${name}.`,
}));

test("回傳再見（原本並非如此設計）", () => {
  const message = `${sayGoodBye("Taro")} See you.`;
  expect(message).toBe("Good bye, Taro. See you.");
});
```

這次的替代品當中沒有包含greet函式，所以原本的greet函式在經過這波操作之後就變成了underfined（List 4-5）。但我們希望greet函式可以如原始設計一樣順利import。

▶ List 4-5　src/04/02/greet3.test.ts

```typescript
test("歡迎詞功能未完成（原本並非如此設計）", () => {
  expect(greet).toBe(undefined);
});
```

● 將模組的一部分替換為Stub

接著看第四個測試檔案（List 4-6）。透過使用jest.requireActual函式，以致於模組可以依照原本的設計進行import。於是我們就完成了單純僅替換掉sayGoodbye函式的修改。

▶ List 4-6　src/04/02/greet3.test.ts

TypeScript

```
import { greet, sayGoodBye } from "./greet";

jest.mock("./greet", () => ({
  ...jest.requireActual("./greet"),
  sayGoodBye: (name: string) => `Good bye, ${name}`,
}));

test("回傳歡迎詞（原始設計）", () => {
  expect(greet("taro")).toBe("Hello! taro");
});

test("回傳再見（原本並非如此設計）", () => {
  const message = `${sayGoodBye("Taro")} See you.`;
  expect(message).toBe("Good bye, Taro. See you.");
});
```

● 替換函式庫

前面講解了替換掉會妨礙測試的模組內的一部分，不過在實際情況當中最常用到模擬模組的場景應屬函式庫的替換了！在進入第七章後所講解的範本，都已經有預先設定好接下來要跟各位說明了替換內容了。

下面是將社群所提供的next-router-mock替代函式庫套用到依賴模組next/router的範例。

TypeScript

```
jest.mock("next/router", () => require("next-router-mock"));
```

● 補充說明

載入模組的方法有ESM（ES Modules）跟CJS（CommonJS Modules），本節當中使用`import`的方法都是以ESM為準。測試有用到`import`時，會在一開始就先呼叫`jest.mock`。

當我們想要單獨讓某個測試去存取不同的替代品時，建議比照方才的示範方式、個別建立不同的測試檔案為佳。使用`import`來套用模擬模組的方法還有很多，有興趣者敬請參考官方文件※4-2。

4-3 Web API的模擬基礎

Web應用程式絕對需要透過Web API伺服器去取得與更新資料。透過使用替代品（Stub）來替換掉與Web API有關聯的程式碼，就可以寫出測試。雖然不是真正的回應，但卻是有效驗證回應前後的「相關程式碼」的方法（圖4-4）。

程式碼範本 `src/04/03`

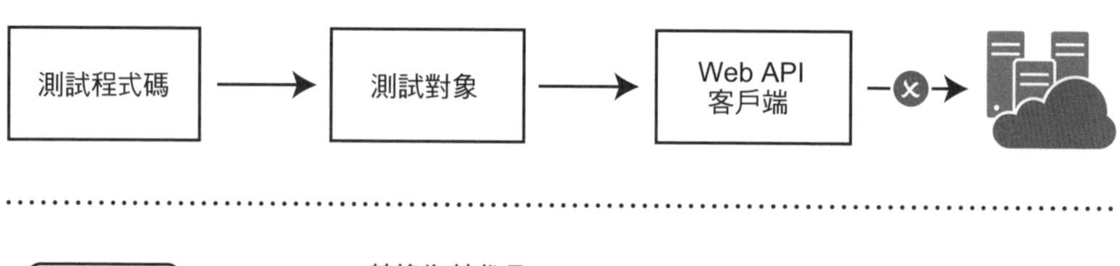

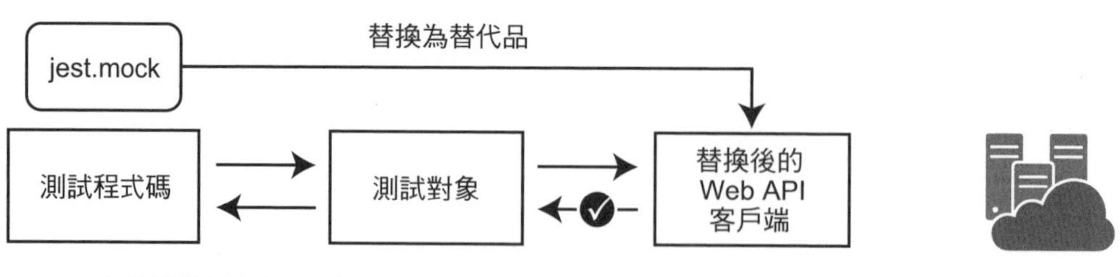

圖4-4　使用了模擬模組的API客戶端Stub

※4-2　https://jestjs.io/ja/docs/jest-object#モックモジュール

● 測試目標的函式

首先要來看一下API客戶端。普遍來說，要完成API客戶端，都會選擇使用了XMLHttpRequest的Axios或內建API的Fretch API。List 4-7就是應用了Fetch API來取得使用者登入時的個人資訊的Web API客戶端（`getMyProfile`函式）。

▶ List 4-7　Web API 用戶端實作範例

TypeScript

```
export type Profile = {
  id: string;
  name?: string;
  age: number;
  email: string;
};

export function getMyProfile(): Promise<Profile> {
  return fetch("https://myapi.testing.com/my/profile").then(async (res) => {
    const data = await res.json();
    if (!res.ok) {
      throw data;
    }
    return data;
  });
}
```

將取得的資料進行「加工、轉換、顯示於畫面」是最常見的處理流程。接著來看看測試目標函式當中用來回傳歡迎詞給使用者的函式（List 4-8）。`getGreet`函式當中包含了`if`條件判斷，並且透過`data.name`來改變回傳的值。要測試的是①跟②這兩個簡單邏輯。

▶ List 4-8　回傳歡迎詞的函式

TypeScript

```
import { getMyProfile } from "./fetchers";

export async function getGreet() {
  const data = await getMyProfile();
  if (!data.name) {
    // ① 如果沒有名字、就回傳預設文字
```

```
    return `Hello, anonymous user!`;
  }
  // ② 在歡迎詞的內容中放入名字並回傳
  return `Hello, ${data.name}!`;
}
```

用了getMyProfile函式，就會產生Web API請求。所以要是沒有回應請求的API伺服器，那麼就無法測試這個getGreet函式。於是我們需要將getMyProfile函式替換為Stub。Web API客戶端被換成Stub後，就變得能寫與取得資料有關的測試了。

● 在Web API客戶端安裝Stub

這邊跟先前講解的方式不一樣，我們打算要使用跟TypeScript較契合的jest.spyOn來安裝Stub。前置作業要先在測試檔案的起頭就先用上jest.mock函式，宣告將fetchers/index.ts檔案更換為替代品。

TypeScript
```
import * as Fetchers from "./fetchers";
jest.mock("./fetchers");
```

接著使用jest.spyOn來替換目標物件。這裡說的目標物件指的是以import * as讀取到的Fetchers。而「目標還是名稱」則是getMyProfile函式。倘若指定了Fetchers尚未定義的函式名稱，就會出現TypeScript型別錯誤（各位不妨可以嘗試將getMyProfile函式調包成getMyInfo看看）。

TypeScript
```
jest.spyOn(目標物件，目標函式名稱);
jest.spyOn(Fetchers, "getMyProfile");
```

● 重現取得資料成功時的測試

再來，我們使用mockResolvedValueOnce來指定等同於回應的物件，以利我們驗證在成功取得資料時（順利執行了resolve時）能順利收到回應（List 4-9）。由於這裡指定了物件也會受到TypeScript型別所限制，因此測試程式碼會較好維護。

▶ List 4-9　src/04/03/index.test.ts

TypeScript
```
// 敘述id、email等我們期望回應要包含的內容
jest.spyOn(Fetchers, "getMyProfile").mockResolvedValueOnce({
  id: "xxxxxxx-123456",
  email: "taroyamada@myapi.testing.com",
});
```

然後要寫針對「①如果沒有名字、就回傳預設文字」這個判斷的測試斷言（List 4-10）。

▶ List 4-10　src/04/03/index.test.ts

TypeScript
```
test("成功取得資料時：沒有使用者名字時", async () => {
  // 重現getMyProfile執行resolve時的值
  jest.spyOn(Fetchers, "getMyProfile").mockResolvedValueOnce({
    id: "xxxxxxx-123456",
    email: "taroyamada@myapi.testing.com",
  });
  await expect(getGreet()).resolves.toBe("Hello, anonymous user!");
});
```

對mockResolvedValueOnce追加name，就可以跳過「②在歡迎詞的內容中放入名字並回傳」的測試（List 4-11）。這樣我們就能準備好多樣化的「可回傳的值」，繼續寫出更多的測試。

▶ List 4-11　src/04/03/index.test.ts

TypeScript
```
test("成功取得資料時：有使用者名字時", async () => {
  jest.spyOn(Fetchers, "getMyProfile").mockResolvedValueOnce({
    id: "xxxxxxx-123456",
    email: "taroyamada@myapi.testing.com",
    name: "taroyamada",
  });
  await expect(getGreet()).resolves.toBe("Hello, taroyamada!");
});
```

● 重現取得資料失敗時的測試

來看看getMyProfile函式在取得資料失敗時的情況吧（List 4-12）。當來自myapi.testing.com的回應HTTP狀態在200～299範圍以外時（即res.ok為falsy時），函式內部會拋出例外。透過將data當作例外拋出，getMyProfile函式所回傳的Promise會被reject。

▶ List 4-12　getMyProfile函式

```typescript
export function getMyProfile(): Promise<Profile> {
  return fetch("https://myapi.testing.com/my/profile").then(async (res) => {
    const data = await res.json();
    if (!res.ok) {
      // 當回應為200～299以外的情況時
      throw data;
    }
    return data;
  });
}
```

myapi.testing.com所送出的200～299以外的回應，已經設定好會像List 4-13那樣回傳Error物件。也就是說，這等同於List 4-12裡被當作例外拋出的data。

▶ List 4-13　Error物件

```typescript
export const httpError: HttpError = {
  err: { message: "internal server error" },
};
```

依此定義作為依據，我們以mockRejectedValueOnce來安裝用來重現getMyProfile函式的reject的Stub（List 4-14）。

▶ List 4-14　src/04/03/index.test.ts

```typescript
jest.spyOn(Fetchers, "getMyProfile").mockRejectedValueOnce(httpError);
```

如此一來測試就寫好了。透過測試，我們可以知道當getMyProfile函式取得資料失敗時，與其相關的程式碼將會怎麼進行運作（List 4-15）。

▶ List 4-15　src/04/03/index.test.ts

TypeScirpt

```
test("資料取得失敗時", async () => {
  // 重現getMyProfile所reject的值
  jest.spyOn(Fetchers, "getMyProfile").mockRejectedValueOnce(httpError);
  await expect(getGreet()).rejects.toMatchObject({
    err: { message: "internal server error" },
  });
});
```

想要驗證是否會拋出例外時，也可以改寫成如下的形式（List 4-16）。

▶ List 4-16　src/04/03/index.test.ts

TypeScirpt

```
test("資料取得失敗時、將等同於錯誤的資料當作例外拋出", async () ➡
=> {
  expect.assertions(1);
  jest.spyOn(Fetchers, "getMyProfile").mockRejectedValueOnce(httpError);
  try {
    await getGreet();
  } catch (err) {
    expect(err).toMatchObject(httpError);
  }
});
```

4-4 Web API模擬生成函式

在前面說明的測試方式都是固定API回應、搭配使用Stub。接下來要講解使用「模擬生成函式」來切換回應資料的測試方法。

程式碼範本　src/04/04

● 測試目標的函式

下面的getMyArticleLinksByCategory是當登入的使用者有發文時，用來取得連結清單的函式（List 4-17）。在篩選出包含指定標籤的文章後，回傳加工處理過的回應。

▶ List 4-17　src/04/04/index.ts

TypeScirpt

```
export async function getMyArticleLinksByCategory(category: string) {
  // 取得資料的函式（Web API客戶端）
  const data = await getMyArticles();
  // 取得資料後，篩選出包含指定標籤的文章
  const articles = data.articles.filter((article) =>
    article.tags.includes(category)
  );
  if (!articles.length) {
    // 若無文章符合，回傳null
    return null;
  }
  // 若有找到文章，回傳加工處理成清單的資料
  return articles.map((article) => ({
    title: article.title,
    link: `/articles/${article.id}`,
  }));
}
```

data.articles型別定義如下（List 4-18）。參照包含Article的tags陣列，執行篩選、進行加工。

▶ List 4-18　src/04/fetchers/type.ts

TypeScirpt

```
export type Article = {
  id: string;
  createdAt: string;
  tags: string[];
  title: string;
  body: string;
};

export type Articles = {
  articles: Article[];
};
```

要以 getMyArticleLinksByCategory函式的形式來寫的測試有以下這些。

- 當完全找不到包含了指定標籤的文章時，回傳null
- 剛找到1筆以上包含了指定標籤的文章時，回傳連結清單
- 當無法順利取得資料時，拋出例外

● 切換回應的模擬生成函式

測試目標的函式所使用的是Web API客戶端（getMyArticles函式）。首先，我們要以下方的方式準備好用來重現函式回應的測試物件（fixture）（List 4-19）。測試物件指的是專為重現回應所準備的測試資料。

▶ List 4-19　src/04/fetchers/fixtures.ts

TypeScript

```
export const getMyArticlesData: Articles = {
  articles: [
    {
      id: "howto-testing-with-typescript",
      createdAt: "2022-07-19T22:38:41.005Z",
      tags: ["testing"],
      title: "如何使用TypeScript寫測試",
      body: "寫測試時使用TypeScript，可讓測試更易於維護…",
    },
    {
      id: "nextjs-link-component",
      createdAt: "2022-07-19T22:38:41.005Z",
      tags: ["nextjs"],
      title: "Next.js的Link元件",
      body: "Next.js會使用Link元件來切換畫面…",
    },
    {
      id: "react-component-testing-with-jest",
      createdAt: "2022-07-19T22:38:41.005Z",
      tags: ["testing", "react"],
      title: "使用Jest進行React元件測試",
      body: "Jest的單元測試可以進行UI元件測試…",
    },
  ],
};
```

這邊與先前所不同的，是要準備「模擬函式」(List 4-20)。這個函式是公用函式(utility function)，透過最少的參數來切換測試當中所需要做的設定。引數status用來表示HTTP的狀態碼。

▶ List 4-20　src/04/04/index.test.ts

```
TypeScirpt
function mockGetMyArticles(status = 200) {
  if (status > 299) {
    return jest
      .spyOn(Fetchers, "getMyArticles")
      .mockRejectedValueOnce(httpError);
  }
  return jest
    .spyOn(Fetchers, "getMyArticles")
    .mockResolvedValueOnce(getMyArticlesData);
}
```

用了這個公用函式後，就無須每個測試都寫jest.spyOn了，僅需要做些重點設定即可。

```
TypeScirpt
test("取得資料成功時", async () => {
  mockGetMyArticles();
});
test("取得資料失敗時", async () => {
  mockGetMyArticles(500);
});
```

● 重現取得資料成功時的測試

那麼就來建立模擬函式、寫出我們想要的測試吧(List 4-21)！由於事先準備好的測試物件當中完全沒有包含"playwright"的文章，因此回應是null。所以用了toBeNull比對器的斷言就成功了。

▶ List 4-21　src/04/04/index.test.ts

```
TypeScirpt
test("完全沒有包含了指定標籤的文章時、回傳null", async () => {
  mockGetMyArticles();
  const data = await getMyArticleLinksByCategory("playwright");
  expect(data).toBeNull();
});
```

測試物件當中已經預先放入了2篇包含"testing"的文章，所以下面的測試成功了（List 4-22）。也順帶驗證了有包含加工處理過後的連結URL。

▶ List 4-22　src/04/04/index.test.ts

TypeScirpt

```
test("當包含了指定標籤的文章有一篇以上時、回傳連結清單", async () => {
  mockGetMyArticles();
  const data = await getMyArticleLinksByCategory("testing");
  expect(data).toMatchObject([
    {
      link: "/articles/howto-testing-with-typescript",
      title: "如何使用TypeScript寫測試",
    },
    {
      link: "/articles/react-component-testing-with-jest",
      title: "使用Jest進行React元件測試",
    },
  ]);
});
```

● 重現取得資料失敗時的測試

使用相同的模擬函式mockGetMyArticles來寫重現取得資料失敗時的測試（List 4-23）。將引數指定為300以上的值，就能重現失敗時的回應。

發生例外時的測試寫法不只一種，這次跟各位分享Promise的catch方法裡的斷言。可以看到順利地夾帶著Error物件執行了reject。

▶ List 4-23　src/04/04/index.test.ts

TypeScirpt

```
test("取得資料失敗時、執行reject", async () => {
  mockGetMyArticles(500);
  await getMyArticleLinksByCategory("testing").catch((err) => {
    expect(err).toMatchObject({
      err: { message: "internal server error" },
    });
  });
});
```

4-5 使用模擬函式的Spy

本節講解使用Jest的「模擬函式」※4-3安裝Spy的方法。Spy是記錄「測試目標是怎麼產生輸入與輸出？」的物件。驗證記錄下來的值，確認程式有照我們的想法運作。

程式碼範本 src/04/05

● 驗證函式有執行

使用jest.fn建立模擬函式（List 4-24）。建好的模擬函式就放到測試程式碼中作為函式使用。透過toBeCalled比對器驗證函式是否已經執行。

▶ List 4-24 src/04/05/greet.test.ts

```
TypeScript
test("模擬函式已執行", () => {
  const mockFn = jest.fn();
  mockFn();
  expect(mockFn).toBeCalled();
});

test("模擬函式未執行", () => {
  const mockFn = jest.fn();
  expect(mockFn).not.toBeCalled();
});
```

● 驗證已經執行的次數

模擬函式會記錄執行的次數（List 4-25），透過toHaveBeenCalledTimes比對器進行驗證函式已經執行的次數。

※4-3 https://jestjs.io/ja/docs/jest-object#モック函式

▶ List 4-25　src/04/05/greet.test.ts

```typescript
test("模擬函式會記錄執行的次數", () => {
  const mockFn = jest.fn();
  mockFn();
  expect(mockFn).toHaveBeenCalledTimes(1);
  mockFn();
  expect(mockFn).toHaveBeenCalledTimes(2);
});
```


● 驗證執行時的引數

模擬函式也會記錄執行時的引數。基於驗證的需求，我們這邊使用greet函式（List 4-26）。模擬函式可以在函數的定義當中執行。

▶ List 4-26　src/04/05/greet.test.ts

```typescript
test("模擬函式在函式當中也能執行", () => {
  const mockFn = jest.fn();
  function greet() {
    mockFn();
  }
  greet();
  expect(mockFn).toHaveBeenCalledTimes(1);
});
```

來新增greet函式看看吧！模擬函式執行時的引數是message，如此一來就會記錄引數為"hello"。由於要驗證記錄內容，我們使用toHaveBeenCalledWith比對器來寫斷言（List 4-27）。

▶ List 4-27　src/04/05/greet.test.ts

```typescript
test("模擬函式會記錄執行時的引數", () => {
  const mockFn = jest.fn();
  function greet(message: string) {
    mockFn(message); // 以引數來執行
  }
  greet("hello"); // mockFn記錄執行時使用了"hello"
  expect(mockFn).toHaveBeenCalledWith("hello");
});
```

● 如何當作Spy來使用

測試目標引數內有「函式」時，就是使用了模擬函式的Spy表現的機會了。例如下面的測試目標是greet函式（List 4-28），第一引數為name、第二引數則是用來執行回呼函式。

▶ List 4-28　src/04/05/greet.ts

```
TypeScript
export function greet(name: string, callback?: (message: string) => ➡
void) {
  callback?.(`Hello! ${name}`);
}
```

像下面這樣寫，就能驗證回呼函式執行時的引數（List 4-29）。Spy也可以用來驗證已經記錄下來的執行時引數的內容。

▶ List 4-29　src/04/05/greet.test.ts

```
TypeScript
test("模擬函式可以作為測試目標的引數來使用", () => {
  const mockFn = jest.fn();
  greet("Jiro", mockFn);
  expect(mockFn).toHaveBeenCalledWith("Hello! Jiro");
});
```

● 如何執行時的引數物件

除了文字之外，也可以驗證陣列跟物件。下面例是用checkConfig函式將定義了config物件的內容放在引數內執行的範例（List 4-30）。

▶ List 4-30　src/04/05/checkConfig.ts

```
TypeScript
const config = {
  mock: true,
  feature: { spy: true },
};

export function checkConfig(callback?: (payload: object) => void) {
  callback?.(config);
}
```

比對器一樣用 toHaveBeenCalledWith（List 4-31）。

▶ List 4-31　src/04/05/checkConfig.test.ts

TypeScirpt
```
test("模擬函式可驗證執行時的引數物件", () => {
  const mockFn = jest.fn();
  checkConfig(mockFn);
  expect(mockFn).toHaveBeenCalledWith({
    mock: true,
    feature: { spy: true },
  });
});
```

遇到大型物件時，有時候會選擇僅驗證局部的情況。使用輔助函式 expect.objectContaining，就能做到這點（List 4-32）。

▶ List 4-32　src/04/05/checkConfig.test.ts

TypeScirpt
```
test("使用expect.objectContaining針對局部進行驗證", () => {
  const mockFn = jest.fn();
  checkConfig(mockFn);
  expect(mockFn).toHaveBeenCalledWith(
    expect.objectContaining({
      feature: { spy: true },
    })
  );
});
```

在實際的測試時，有時候會遇到「當表單收到了特定的互動後，需要傳送的值為～」的驗證。這將會在進入第6章之後進行講解。

4-6 Web API的細部模擬

如何使用Stub／Spy進行測試的方法就在前一節告一段落。接下來要跟各位分享的是更細部的模擬方法，以利我們能做到在驗證過輸入值之後再去切換回應資料。

程式碼範本 src/04/06

● 測試目標的函式

一般來說，伺服器端都會在儲存收到的資料之前都會進行驗證。checkLength函式就是重現在伺服器端進行驗證的函式（List 4-33）。用來規定發表的文章必須在「標題」、「內文」都至少輸入1個字以上，並且於伺服器端進行驗證。

▶ List 4-33 src/04/06/index.ts

```
TypeScirpt
export class ValidationError extends Error {}

function checkLength(value: string) {
  if (value.length === 0) {
    throw new ValidationError("請輸入至少1個字以上");
  }
}
```

● 準備模擬函式

與4-4小節的「Web API 模擬函式」相同，這裡一樣要準備mockPostMyArticle函式（List 4-34）。值得一提的是使用checkLength函式進行驗證的部分。由於會驗證來自測試目標的input、回傳回應，所以又更接近正式運作的情況了。

▶ List 4-34　src/04/06/index.test.ts

TypeScirpt

```
function mockPostMyArticle(input: ArticleInput, status = 200) {
  if (status > 299) {
    return jest
      .spyOn(Fetchers, "postMyArticle")
      .mockRejectedValueOnce(httpError);
  }
  try {
    checkLength(input.title);
    checkLength(input.body);
    return jest
      .spyOn(Fetchers, "postMyArticle")
      .mockResolvedValue({ ...postMyArticleData, ...input });
  } catch (err) {
    return jest
      .spyOn(Fetchers, "postMyArticle")
      .mockRejectedValueOnce(httpError);
  }
}
```


● 準備測試

這邊我們要準備工廠函式（factory function），動態產生要傳送的值（List 4-35）。

▶ List 4-35　src/04/06/index.test.ts

TypeScirpt

```
function inputFactory(input?: Partial<ArticleInput>): ArticleInput {
  return {
    tags: ["testing"],
    title: "如何使用TypeScript寫測試",
    body: "寫測試時使用TypeScript，可讓測試更易於維護。",
    ...input,
  };
}
```

`inputFactory`函式預設為會建立通過驗證的輸入內容。視需求使用引數進行覆寫，就能建立沒辦法通過驗證的輸入內容。

TypeScirpt

```typescript
// 建立通過驗證的物件
const input = inputFactory();
// 建立沒辦法通過驗證的物件
const input = inputFactory({ title: "", body: "" });
```

● 重現驗證成功時的測試

使用預先準備好的inputFactory函式與mockPostMyArticle函式來寫測試（List 4-36），這邊要測的是「回應當中包含所輸入的內容」以及「有呼叫模擬函式」。toHaveBeenCalled比對器就是用來驗證後者的。

▶ List 4-36　src/04/06/index.test.ts

TypeScirpt

```typescript
test("當驗證成功時，回傳成功回應", async () => {
  // 準備可以通過驗證的輸入值
  const input = inputFactory();
  // 為了讓包含輸入值的成功回應可以送出，執行模擬
  const mock = mockPostMyArticle(input);
  // 給測試目標的函式input並執行
  const data = await postMyArticle(input);
  // 確認收到的資料當中是否包含了所輸入的內容
  expect(data).toMatchObject(expect.objectContaining(input));
  // 驗證是否呼叫模擬函式
  expect(mock).toHaveBeenCalled();
});
```

● 重現驗證失敗時的測試

準備不正確的輸入值，要來寫驗證失敗時的測試（List 4-37）。模擬函式雖然設定成會回傳成功回應，但輸入值本身沒辦法通過驗證。因此這邊要測的是「執行reject」以及「有呼叫模擬函式」。

▶ List 4-37　src/04/06/index.test.ts

```
TypeScirpt
test("當驗證失敗時，執行reject"", async () => {
  expect.assertions(2);
  // 準備沒辦法通過驗證的輸入值
  const input = inputFactory({ title: "", body: "" });
  // 為了讓包含輸入值的成功回應可以送出，執行模擬
  const mock = mockPostMyArticle(input);
  // 確認是否沒通過驗證並執行reject
  await postMyArticle(input).catch((err) => {
    // 以Error物件執行reject
    expect(err).toMatchObject({ err: { message: expect.anything() } });
    // 驗證是否呼叫模擬函式
    expect(mock).toHaveBeenCalled();
  });
});
```

● 重現取得資料失敗時的測試

無法順利取得資料時，要測的是「執行 reject」以及「有呼叫模擬函式」。

▶ List 4-38　src/04/06/index.test.ts

```
TypeScirpt
test("取得資料失敗時、執行reject", async () => {
  expect.assertions(2);
  // 準備可以通過驗證的輸入值
  const input = inputFactory();
  // 為了要回傳失敗回應，執行模擬
  const mock = mockPostMyArticle(input, 500);
  // 確認有無執行reject
  await postMyArticle(input).catch((err) => {
    // 以Error物件執行reject
    expect(err).toMatchObject({ err: { message: expect.anything() } });
    // 驗證是否呼叫模擬函式
    expect(mock).toHaveBeenCalled();
  });
});
```

以上就是更細部的Web API模擬的使用方法。依賴Web API的測試寫法也不只有這些，其他還有像是「網路模擬」的方法存在。由於網路層可以驗證輸入值，所以就能執行更細緻的模擬。這在第七章會說明。

4-7 依賴當前時間的測試

測試目標當中如果包含了依賴當前時間的邏輯時，測試結果就會受到執行測試的時間影響。這會導致「一到了特定時間區段內，持續整合（CI）的自動化測試就失敗了」，淪為經不起考驗的測試。因此我們需要將測試環境的時間固定在當前時間，如此一來無論何時測試，都能得到相同的測試結果。

程式碼範本 src/04/07

● 測試目標的函式

下面這個是依據早中晚不同的時間區段，回傳歡迎詞內容的函式（List 4-39）。這個函式的回傳值會受到執行時間的影響。

▶ List 4-39　src/04/07/index.ts

TypeScirpt

```
export function greetByTime() {
  const hour = new Date().getHours();
  if (hour < 12) {
    return "早安";
  } else if (hour < 18) {
    return "午安";
  }
  return "晚安";
}
```

● 固定當前時間

要將測試環境的當前時間固定在某個特定時間點時，測試就需要像下面這樣寫。

- jest.useFakeTimers：告訴Jest要使用假的計時器
- jest.setSystemTime：用假計時器設定現在的系統時間
- jest.useRealTimers：告訴Jest使用（恢復為）真的計時器

範例當中使用了beforeEach與afterEach來切換假計時器，刪減每個測試的行數（List 4-40）。

▶ List 4-40　src/04/07/index.test.ts

TypeScript

```
describe("greetByTime(", () => {
  beforeEach(() => {
    jest.useFakeTimers();
  });
  afterEach(() => {
    jest.useRealTimers();
  });
  test("當指定時間一到、以經過時間執行resolve", () => {
    jest.setSystemTime(new Date(2022, 7, 20, 8, 0, 0));
    expect(greetByTime()).toBe("早安");
  });
  test("當指定時間一到、以經過時間執行resolve", () => {
    jest.setSystemTime(new Date(2022, 7, 20, 14, 0, 0));
    expect(greetByTime()).toBe("午安");
  });
  test("當指定時間一到、以經過時間執行resolve", () => {
    jest.setSystemTime(new Date(2022, 7, 20, 21, 0, 0));
    expect(greetByTime()).toBe("晚安");
  });
});
```

● 設定與捨棄

有時候我們會遇到執行測試前需要共同設定，在測試結束之後要共同捨棄的工作。此時 beforeAll 與 beforeEach 可以用來幫助完成設定，而使用 afterAll 跟 afterEach 則可以協助完成捨棄。執行的時機點請參照下述（List 4-41）。

▶ List 4-41　執行設定與捨棄處理的時機點

TypeScirpt

```
beforeAll(() => console.log("1 - beforeAll"));
afterAll(() => console.log("1 - afterAll"));
beforeEach(() => console.log("1 - beforeEach"));
afterEach(() => console.log("1 - afterEach"));

test("", () => console.log("1 - test"));

describe("Scoped / Nested block", () => {
  beforeAll(() => console.log("2 - beforeAll"));
  afterAll(() => console.log("2 - afterAll"));
  beforeEach(() => console.log("2 - beforeEach"));
  afterEach(() => console.log("2 - afterEach"));

  test("", () => console.log("2 - test"));
});

// 1 - beforeAll
// 1 - beforeEach
// 1 - test
// 1 - afterEach
// 2 - beforeAll
// 1 - beforeEach
// 2 - beforeEach
// 2 - test
// 2 - afterEach
// 1 - afterEach
// 2 - afterAll
// 1 - afterAll
```

第5章

UI元件測試

5-1 UI元件基本知識

Web前端大部分的開發都是在做UI元件。有些UI元件只負責顯示，有些則包含了複雜邏輯。本章將會講解該以什麼樣的視角來寫UI元件的測試。

● MPA與SPA的差異

過去的Web應用程式建構都是依據「頁面的請求為單為」來設計，主要的介面都是用來跟使用者進行對話。使用多個HTML網頁以及HTTP請求所建構而成的Web應用程式被稱為MPA（Multi Page Application，多頁式網頁應用），這經常會被拿來與SPA（Single Page Application，單頁式網頁應用）相互比較（圖5-1）。我們可以從SPA的名稱得知，這是在單一頁面上去渲染出Web應用程式內容。以收到Web伺服器的第初始頁面作為HTML為主，配合使用者的操作去局部刷新HTML。而這個局部刷新的單位就是UI元件。

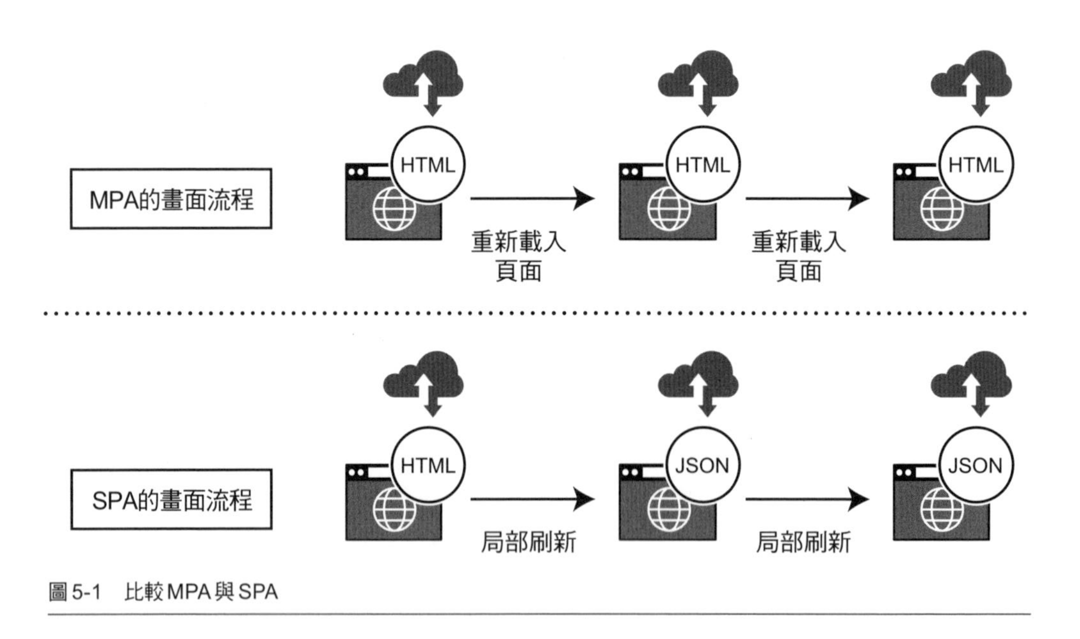

圖5-1　比較MPA與SPA

SPA會依據使用者的操作，取得最低限度的資料並刷新頁面。由於反應快、取得資料的負擔也小，對Web伺服器端（後端）來說也會間接帶來良好影響。即使將用SPA建構的Web前端放到整個系統當中來看，依然不失為一個帶來好處的存在。

● UI元件測試

最小的UI元件當屬按鈕，透過組合許多小型UI元件來做出中密度UI元件。最後會完成用來顯示畫面的UI，整個Web應用程式當中將會包含許多頁面（圖5-2）。倘若有任何疏失而導致中密度UI元件故障時會怎麼樣呢？運氣不好的話網頁會無法使用，應用程式無法運作。這就是為什麼需要UI元件測試的原因。

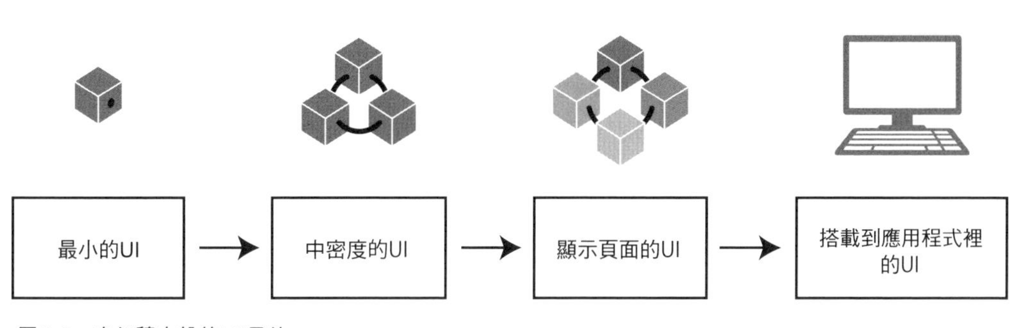

圖5-2　宛如積木般的UI元件

UI元件需要具備以下的功能。

- 顯示資料
- 傳遞使用者所操作的內容
- 連接相關的Web API
- 動態渲染資料

我們會運用測試框架或測試函式庫來驗證「功能是否有依照預期來運作？」、「功能有無故障？」。本章的測試會以顯示畫面的UI與資料關聯性作為主軸來寫。

● Web無障礙性與測試

顧及使用者身心需求的程度被稱之為**Web無障礙性**。外觀上的問題我們可以很輕易察覺，但Web無障礙性的問題卻是得要特意去在意才會發現。畢竟大家都會輕易認為有依照設計開發、使用滑鼠操作也沒什麼大礙，應該就已經滿足品質上的需求了吧。

在完全沒有顧慮到Web可及性的軟體上，有些使用者可能無法順利使用功能。最有爭議的就是核取方塊了。一心一意只想要做出漂亮的介面，卻不小心用串接樣式表（CSS）把`input`元素給刪掉了。相信大家都不希望遇到使用滑鼠的人可以勾選精美的核取方塊，但需要輔助功能幫忙的人卻找不到核取方塊在哪的情況，因此身為提供服務的人，都會希望盡可能地做出所有人都能使用的「理所當然的品質」。

UI元件測試是最適合用來顧及Web無障礙性的良機。測試會使用查詢（query）來寫，讓使用滑鼠的人跟需要輔助功能幫忙的人都能以相同的方式辨識元素。

5-2 安裝需要的函式庫

前面的章節只有用Jest寫測試，從本章開始會使用下列函式庫來寫UI元件測試。講解UI元件測試時的程式碼範本則會使用UI函式庫的React。

- jest-environment-jsdom
- @testing-library/react
- @testing-library/jest-dom
- @testing-library/user-event

● 準備UI元件測試的環境

UI元件測試最基本的就是要針對顯示出來的UI進行操作，驗證功能的觸發與帶來的結果。顯示並操作UI需要DOM API，可是Jest執行環境的Node.js裡並沒有內建DOM API。於是我們要用`jsdom`※5-1建立測試環境。

※5-1　https://github.com/jsdom/jsdom

預設的測試環境會指定為jest.config.js的testEnvironment（List 5-1）。舊版原本指定的是jsdom，但在最新版本的Jest裡會需要另外安裝改良過的jest-environment-jsdom※5-2、並進行指定。

▶ List 5-1　jest.config.js

```javascript
module.exports = {
  testEnvironment: "jest-environment-jsdom",
};
```

就像Next.js應用程式一樣，倘若專案當中的伺服器端／客戶端程式碼雙雙參雜在一起時，我們可以在測試檔案的起頭先寫好如下的註解，依照每個測試檔案來切換測試環境。

```javascript
/**
 * @jest-environment jest-environment-jsdom
 */
```

● Testing Library

Testing Library是UI元件的測試專用函式庫，主要的任務有以下3個。

- 渲染UI元件
- 從渲染後的頁面元素取得想要的子元素
- 與已經渲染的頁面元素進行互動

Testing Library原則上會建議「測試內容跟軟體操作方式類似」。也就是說，建議寫測試時就要寫出點擊／滑鼠懸停／鍵盤輸入等跟Web應用程式相同的操作內容（圖5-3）。

※5-2　https://github.com/facebook/jest/tree/main/packages/jest-environment-jsdom

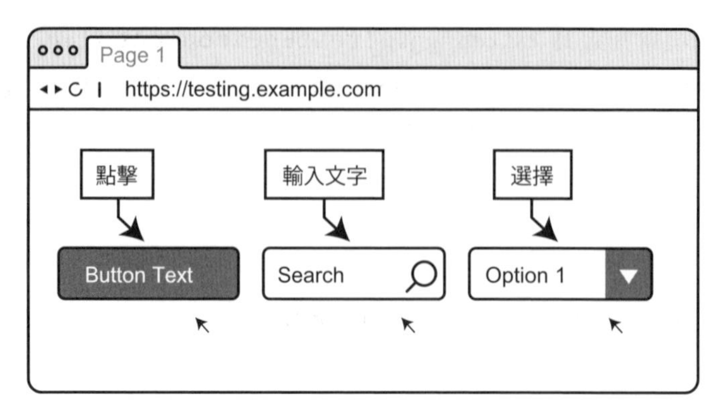

圖 5-3　互動測試

使用React開發UI元件時，就會選擇React專用的@testing-library/react※5-3。

Testing Library也有提供給其他各式各樣的UI元件函式庫，不過核心API都是一樣的（@testing-library/dom）。所以就算UI元件函式庫不同，測試程式碼則大致雷同。

@testing-library/dom※5-4是@testing-library/react的依賴套件，因此不必安裝。

● 擴充UI元件測試專用的比對器

UI元件測試可以使用之前講解Jest時所用到的斷言跟比對器。不過為了要驗證DOM的狀態，單靠Jest內建的匹配還是會力不從心。於是我們會安裝@testing-library/jest-dom※5-5，它有「自訂比對器（custom matcher）」的稱呼，是應用了Jest擴充功能度函式庫。新增了這個函式庫後，就能獲得許多相當方便的UI元件測試比對器。

● 模擬使用者操作的函式庫

Testing Library有提供了「fireEvent」這個專門用來將文字輸入到元素中的API，可是這個API只是用來觸發DOM事件，而實際上使用者在操作時老是會出現一些荒

※5-3　https://github.com/testing-library/react-testing-library

※5-4　https://github.com/testing-library/dom-testing-library

※5-5　https://github.com/testing-library/jest-dom

唐的行徑。因此我們需要新增@testing-library/user-event※5-6。書中也會講解一些有用到fireEvent的測試程式碼，不過如果沒有特殊理由，基本上都會用user-event。

5-3 開始UI元件測試

初試啼聲，我們先一邊檢查簡單的UI元件、一邊講解基本的UI元件測試該怎麼寫。渲染測試目標元件，取得想要的DOM，然後再操作DOM。

測試目標的UI元件有提交到Storybook，所以我們可以用npm run storybook來檢查是什麼樣的UI。Storybook的使用方法詳見第八章。

程式碼範本 src/05/03

● 測試目標的UI元件

下面的UI元件是用在註冊帳號的網頁上（List 5-2、圖5-4）。備妥「編輯」按鈕，希望按下之後可以切換到帳戶編輯頁面。

▶ List 5-2 src/05/03/Form.tsx

TypeScript

```
type Props = {
  name: string;
  onSubmit?: (event: React.FormEvent<HTMLFormElement>) => void;
};
export const Form = ({ name, onSubmit }: Props) => {
  return (
    <form
      onSubmit={(event) => {
        event.preventDefault();
        onSubmit?.(event);
```

※5-6 https://github.com/testing-library/user-event

```
      }}
    >
      <h2>帳戶資訊</h2>
      <p>{name}</p>
      <div>
        <button>編輯</button>
      </div>
    </form>
  );
};
```

圖 5-4　測試目標的 UI 元件

● 渲染 UI 元件

使用 Testing Library 的 render 函式，對目標 UI 元件進行渲染（List 5-3）。引數 name 是必要的 Props，可以直接顯示收到的值。我們要測的就是這個 name「能不能順利顯示」。

▶ List 5-3　src/05/03/Form.test.tsx

TypeScirpt

```typescript
import { render } from "@testing-library/react";
import { Form } from "./Form";

test("顯示姓名", () => {
  render(<Form name="taro" />);
});
```

● 取得特定的DOM元素

使用`screen.getByText`從完成渲染的內容當中取得特定的DOM元素（List 5-4）。這是個「找出一個持有相同字串的文字元素」的API，如果有找到的話，就能取得該元素的引用內容。要是找不到的話則會發生錯誤，測試將以失敗告終。這意謂著`screen.getByText("taro")`是「取得了驗證目標」的狀態。

▶ List 5-4　src/05/03/Form.test.tsx

TypeScript
```
import { render, screen } from "@testing-library/react";
import { Form } from "./Form";

test("顯示姓名", () => {
  render(<Form name="taro" />);
  console.log(screen.getByText("taro"));
});
```

● 寫下斷言

寫斷言時我們會用透過`@testing-library/jest-dom`所擴充的自訂比對器（List 5-5）：`toBeInTheDocument()`，它的任務是用來驗證「元素存在於文件中」。如此一來我們就能測出「Props所指定的姓名有顯示」了。

▶ List 5-5　src/05/03/Form.test.tsx

TypeScript
```
import { render, screen } from "@testing-library/react";
import { Form } from "./Form";

test("顯示姓名", () => {
  render(<Form name="taro" />);
  expect(screen.getByText("taro")).toBeInTheDocument();
});
```

在這個測試檔案裡不需要明確地對`@testing-library/jest-dom`宣告執行`import`。這是因為儲存庫路徑jest.setup.ts（為所有的測試都套用的設定檔）已經執行`import`了，因此就能直接使用自訂比對器了。

● 使用角色（role）取得特定的DOM元素

在Testing Library有個可以使用角色來取得特定DOM元素的`screen.getByRole`。由於`<Form>`元件有內含`<button>`，因此下面的測試成功了（List 5-6）。

▶ List 5-6　src/05/03/Form.test.tsx

```typescript
test("顯示按鈕", () => {
  render(<Form name="taro" />);
  expect(screen.getByRole("button")).toBeInTheDocument();
});
```

`<button>`元素不需要明確指定`button`角色也能取的需要的元素，其實是因為Testing Library也支援了「原生角色」的辨識。

● 標題的斷言

`getByRole`也能取得其他元素。由於標題包含了`<h2>`，因此執行了`getByRole("heading")`的話，就可以取得`<h2>`的引用（List 5-7）。`h1`～`h6`都是持有`heading`的原生角色。

▶ List 5-7　src/05/03/Form.test.tsx

```typescript
test("顯示標題", () => {
  render(<Form name="taro" />);
  expect(screen.getByRole("heading"));
});
```

使用`toHaveTextContent`比對器測試看看在取得的標題元素裡是否包含了我們所期待的文字（List 5-8）。

▶ List 5-8　src/05/03/Form.test.tsx

```typescript
test("顯示標題", () => {
  render(<Form name="taro" />);
  expect(screen.getByRole("heading")).toHaveTextContent("帳號資訊");
});
```

以Testing Library基本原則來說，建議優先使用包含這類「原生角色」的查詢。

角色雖然是無障礙網頁所不可或缺的資訊，然而對於不熟悉這點的開發人員來說，剛開始都會感到難以了解。倘若還不太熟悉無障礙網頁的讀者，可以透過第5章第9節「原生角色與無障礙名稱（accessible name）」的內容再進一步瞭解。

● 呼叫事件處理器的測試

事件處理器（event handlers）是當某個事件發生時會被呼叫出來的函式。在UI元件當中可以對Props指定事件處理器，告訴它「當按鈕被按下時就要做～的動作」，來完成需要的處理。

呼叫事件處理器時跟函式的單元測試一樣，會使用模擬函式來驗證。使用form元素的onSubmit事件去呼叫的onSubmit事件處理器，放入測試目標的UI元件的Props。這裡的模擬函是要指定為mockFn。

一按下按鈕就會觸發onSubmit事件，使用fireEvent.click重現按鈕被按下的情況（List 5-9）。用fireEvent可以觸發想要的DOM事件。

▶ List 5-9　src/05/03/Form.test.tsx

TypeScript

```
import { fireEvent, render, screen } from "@testing-library/react";

test("一按下按鈕，就執行事件處理器", () => {
  const mockFn = jest.fn();
  render(<Form name="taro" onSubmit={mockFn} />);
  fireEvent.click(screen.getByRole("button"));
  expect(mockFn).toHaveBeenCalled();
});
```

5-4 項目清單UI元件測試

接著要來寫的測試是如何驗證顯示從Props收到的清單。本節當中會一次告訴大家如何取得多個元素的方法。此外，也會使用確認「資料不存在」的比對器來幫助各位加深理解如何確認元素是否存在。

程式碼範本 src/05/04

● 測試目標的UI元件

可以看到下面的UI元件會顯示文章的清單（List 5-10）。沒有可以顯示的元素時，則會出現「無發佈文章」的文字。

▶ List 5-10 src/05/04/ArticleList.tsx

TypeScript

```
import { ArticleListItem, ItemProps } from "./ArticleListItem";

type Props = {
  items: ItemProps[];
};

export const ArticleList = ({ items }: Props) => {
  return (
    <div>
      <h2>文章清單</h2>
      {items.length ? (
        <ul>
          {items.map((item) => (
            <ArticleListItem {...item} key={item.id} />
          ))}
        </ul>
      ) : (
        <p>無發佈文章</p>
      )}
    </div>
  );
};
```

測試的主要立場如下。由於會因爲項目存在與否而衍生不同的顯示判斷差異，這就是寫測試時需要著重的地方（表5-1）。

- 當項目存在時，顯示清單
- 當項目不存在時，不顯示清單

表5-1　依據狀態而改變的文章清單顯示判斷

狀態	顯示畫面
當項目存在時	 **文章清單** ・如何使用TypeScript寫測試 寫測試時使用TypeScript，可讓測試更易於維護… 了解更多 ・Next.js 的Link 元件 Next.js 會使用Link 元件來切換畫面… 了解更多 ・使用Jest進行React元件測試 Jest的單元測試可以進行UI元件測試… 了解更多
當項目不存在時	**文章清單** 無發佈文章。

● 測試清單顯示功能

要先準備測試資料（List 5-11），<ArticleListItem>是顯示清單時需要用到的陣列。

▶ List 5-11 src/05/04/fixture.ts

TypeScirpt
```
export const items: ItemProps[] = [
  {
    id: "howto-testing-with-typescript",
    title: "如何使用TypeScript寫測試",
    body: "寫測試時使用TypeScript，可讓測試更易於維護…",
  },
  {
    id: "nextjs-link-component",
    title: "Next.js的Link元件",
    body: "Next.js會使用Link元件來切換畫面…",
  },
  {
    id: "react-component-testing-with-jest",
    title: "使用Jest進行React元件測試",
    body: "Jest的單元測試可以進行UI元件測試…",
  },
];
```

那麼來看看能否順利顯示清單吧！getAllByRole這個API可以使用陣列取得需要的元素。<li>元素是具備listitem的原生角色，我們可用getAllByRole("listitem")來取得所有的<li>元素。toHaveLength比對器則用來驗證陣列中的元素數量。由於我們準備了3筆測試資料，可以發現顯示的確實是3筆沒錯（List 5-12）。

▶ List 5-12 驗證陣列元素數量的比對器

TypeScirpt
```
test("依據items筆數顯示為清單", () => {
  render(<ArticleList items={items} />);
  expect(screen.getAllByRole("listitem")).toHaveLength(3);
});
```

雖然已經有確認到<li>元素顯示了3筆資料，但這還不夠。由於測試的立場是「<li>元素（清單）是否有順利顯示」，所以得要驗證「<li>元素是否存在？」這件事。<ul>元素是具備list的原生角色，於是我們用screen.getByRole("list")來取得元素，至此我們就完成了清單顯示的驗證（List 5-13）。

▶ List 5-13　驗證清單顯示

TypeScript
```
test("顯示清單", () => {
  render(<ArticleList items={items} />);
  const list = screen.getByRole("list");
  expect(list).toBeInTheDocument();
});
```

使用within函式篩選

這次示範因為元件本身很小，因此不成問題，但要是元件很大時，「非測試目標的listitem」也有可能包含在getAllByRole的回傳值當中。所以我們應針對已取得的list節點進行篩選，再來驗證當中所含有的listitem元素數量。當想要篩選對象來取得元素時，就可以使用within函式。在within函式的回傳值裡包含了跟screen一樣的元素獲取API在內。

▶ List 5-14　使用within函式篩選

TypeScript
```
import { render, screen, within } from "@testing-library/react";

test("依據items筆數顯示為清單", () => {
  render(<ArticleList items={items} />);
  const list = screen.getByRole("list");
  expect(list).toBeInTheDocument();
  expect(within(list).getAllByRole("listitem")).toHaveLength(3);
});
```

使用within來篩選欲取得的對象的節點

● 測試無法顯示清單的情況

當沒有可以顯示的資料時，就不會出現清單，而是出現「無發佈文章」的文字。我們要針對這個狀態來進行測試（List 5-15）。剛剛所使用的getByRole跟getByLabelText會在嘗試取得不存在的元素時出現錯誤，所以當要驗證「資料不存在」時，就改用以qureyBy起首的API。

於是剛剛用來驗證清單確實存在的getByRole，就必需要改成queryByRole囉！運用qureyBy起首的API就可以避免發生錯誤導致測試中斷的情況了。由於無法取得的時候會回傳null，因此可以使用not.toBeInTheDocument或是toBeNull這些比對器來驗證（雖然示範當中兩種程式碼都寫了，但實際上不必同時寫兩種）。

▶ List 5-15　src/05/04/ArticleListItem.tsx

```typescript
test("當清單項目為空時，顯示「無發佈文章」", () => {
  // 傳遞空陣列、重現無法顯示清單的狀態
  render(<ArticleList items={[]} />);
  // 嘗試取得可能認為不存在的元素
  const list = screen.queryByRole("list");
  // list不存在
  expect(list).not.toBeInTheDocument();
  // list為null
  expect(list).toBeNull();
  // 確認是否顯示了「無發佈文章」
  expect(screen.getByText("無發佈文章")).toBeInTheDocument();
});
```

以上就是測試無法顯示清單的教學。

● 測試清單元素UI元件

在顯示清單的UI元件當中，負責處理清單元素的UI元件其實是另外設計放進去的。本書的測試也會單獨為它進行測試（List 5-16）。清單元素在執行時，就表示在用Props收到的id去計算「了解更多」的URL連結。

▶ List 5-16　src/05/04/ArticleListItem.tsx

```typescript
export type ItemProps = {
  id: string;
  title: string;
  body: string;
};

export const ArticleListItem = ({ id, title, body }: ItemProps) => {
  return (
```

```
    <li>
      <h3>{title}</h3>
      <p>{body}</p>
      <a href={`/articles/${id}`}>了解更多</a>
    </li>
  );
};
```

準備item物件作為測試資料（List 5-17）。使用spread語法...，將物件渲染為Props。選擇專門用來調查元素數性的toHaveAttributequ比對器來驗證「了解更多」的連結。可以在下面看到，我們順利驗證了href屬性連結字串就是用收到的id所算出來的。

▶ List 5-17　src/05/04/ArticleListItem.test.tsx

TypeScirpt

```
const item: ItemProps = {
  id: "howto-testing-with-typescript",
  title: "如何使用TypeScript寫測試",
  body: "寫測試時使用TypeScript，可讓測試更易於維護…",
};

test("顯示與ID綁定的連結", () => {
  render(<ArticleListItem {...item} />);
  expect(screen.getByRole("link", { name: "了解更多" })).toHaveAttribute(
    "href",
    "/articles/howto-testing-with-typescript"
  );
});
```

column

查詢（獲取元素的API）的優先順序

「極盡可能地重現使用者執行過的操作」是Testing Library的編碼原則。此原則告訴我們，獲取元素的API建議用以下的優先順序來使用。本書也是依循著此原則，若無特殊理由，都是依照此優先順序在使用的。

①所有人都可存取的查詢

這主要是符合使用者身心需求體驗的查詢。可以證明透過視覺辨識與透過螢幕閱讀器來辨識都是同等的事情。

- getByRole
- getByLabelText
- getByPlaceholderText
- getByText
- getByDisplayValue

`getByRole`並非只能獲取有明確傳遞的`role`屬性元素，也包含具備「原生角色」的元素。角色對照表會統整在本章的最後面，對於角色如何使用尚未熟悉的讀者可以再行參照。

②語意查詢（semantic query）

符合標準規範屬性的查詢。但須特別注意，這個屬性可能因為瀏覽器或技術支援的不同，所帶來的體驗也大相徑庭。

- getByAltText
- getByTitle

③測試ID

專門為了測試而賦予的代碼。建議用在當遇到`role`屬性跟`text`內容都無法查詢時、還有刻意不要使其具有意義時。

- getByTestId

有關更多查詢的優先順序細節，歡迎有興趣的讀者逕行參考官方文件※5-7。

※5-7 https://testing-library.com/docs/queries/about/#priority

5-5 互動式UI元件測試

這邊要寫的是Form元素的操作／狀態檢查的測試。還會使用無障礙的查詢來講解DOM架構所建構起的無障礙樹（Accessibility tree）。

程式碼範本 src/05/05

● 測試清單元素UI元件

假設我們有一個UI元件是用來註冊新帳號的表單（List 5-18、圖5-5），情境是輸入了電子郵件與密碼嘗試註冊帳號，但因為沒有勾選「同意使用條款」核取方塊而導致無法送出。

先來確認組成表單的子元件，也就是要求「同意使用條款」的元件。當一按下核取方塊，事件處理器onChange函式就會被當作回呼函式進行呼叫。

▶ List 5-18 src/05/05/Agreement.tsx

TypeScirpt

```
type Props = {
  onChange?: React.ChangeEventHandler<HTMLInputElement>;
};

export const Agreement = ({ onChange }: Props) => {
  return (
    <fieldset>
      <legend>同意使用條款</legend>
      <label>
        <input type="checkbox" onChange={onChange} />
        請確認本服務的<a href="/terms">使用條款</a>，並同意本條款
      </label>
    </fieldset>
  );
};
```

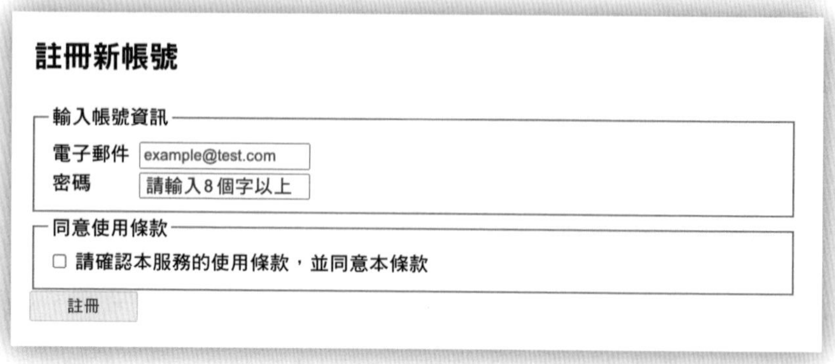

註冊新帳號

輸入帳號資訊

電子郵件 example@test.com

密碼 請輸入8個字以上

同意使用條款

☐ 請確認本服務的使用條款，並同意本條款

註冊

圖5-5　測試目標的UI元件

引用無障礙名稱

<fieldset>元素是具備group角色的原生角色。<legend>元素則是作為<fieldset>元素的子元素來使用，負責為群組加上標題。

下面的測試是在驗證顯示於<legend>的文字是否被引用來作為<fieldset>的無障礙名稱（List 5-19）。由於有<legend>元素的關係，因此可以驗證這個群組的無障礙名稱已經默默地確定了。

▶ List 5-19　src/05/05/Agreement.test.tsx

```typescript
test("fieldset的無障礙名稱是引用自legend", () => {
  render(<Agreement />);
  expect(
    screen.getByRole("group", { name: "同意使用條款" })
  ).toBeInTheDocument();
});
```

即便UI元件外觀相同，但像下面的標記卻不是很好（List 5-20）。會這麼說是因為<div>元素完全沒有具備角色，因此在無障礙樹上會無法被辨識為同一個群組。

▶ List 5-20　src/05/05/Agreement.tsx

```typescript
export const Agreement = ({ onChange }: Props) => {
  return (
    <div>
```

```
      <h3>同意使用條款</h3>
      <label>
        <input type="checkbox" onChange={onChange} />
        請確認本服務的<a href="/terms">使用條款</a>，並同意本條款
      </label>
    </div>
  );
};
```

這就表示在寫測試時，該群組（Agreement元件）沒辦法被視為一個群體來進行鎖定。其實寫UI元件測試，會增加我們顧及可及性的機會。

驗證checkbox的初始狀態

要使用自訂比對器 toBeChecked 來驗證 checkbox 的狀態（List 5-21）。由於畫面剛顯示時一定還不會被勾選，因此 not.toBeChecked 是成功的。

▶ List 5-21　src/05/05/Agreement.test.tsx

TypeScirpt

```
test("尚未勾選核取方塊", () => {
  render(<Agreement />);
  expect(screen.getByRole("checkbox")).not.toBeChecked();
});
```

● 測試「輸入帳號資訊」元件

接著來看組成表單的其他子元件吧！下面是註冊帳號時不可或缺的輸入「電子信箱」與「密碼」元件（List 5-22）。測試是要針對各自的 <input> 元素所輸入的字串進行驗證。

▶ List 5-22　src/05/05/InputAccount.tsx

TypeScirpt

```
export const InputAccount = () => {
  return (
    <fieldset>
      <legend>輸入帳號資訊</legend>
      <div>
        <label>
          電子郵件
```

```
        <input type="text" placeholder="example@test.com" />
      </label>
    </div>
    <div>
      <label>
        密碼
        <input type="password" placeholder="請輸入8個字以上" />
      </label>
    </div>
  </fieldset>
 );
};
```

用userEvent輸入文字

雖然"@testing-library/react"的fireEvent可以重現輸入文字的情況，不過我們這次要改用可以更忠實呈現使用者操作的"@testing-library/user-event"（List 5-23）。一開始先用userEvent.setup()來實例化要呼叫API的user。在每個測試當中都會使用現在所設定好的user。

接下來用screen.getByRole取得電子郵件的輸入欄位。<input type='text'/>具備隱性的textbox角色，我們打算用user.type API來對取得的textbox重現輸入的操作。由於用了userEvent的所有互動都是必需要等待操作告一段落的非同步處理，因此用await來等候輸入完成。

最後再用getByDisplayValue驗證是否存在著「已輸入期望值的表單架構元素」，測試就完成了。

▶ List 5-23　src/05/05/InputAccount.test.tsx

```typescript
import userEvent from "@testing-library/user-event";
// 先設定好測試檔案
const user = userEvent.setup();

test("電子郵件輸入欄位欄", async () => {
  render(<InputAccount />);
  // 取得電子郵件輸入欄位
  const textbox = screen.getByRole("textbox", { name: "電子郵件" });
  const value = "taro.tanaka@example.com";
  // 把value輸入到textbox裡面
```

```
  await user.type(textbox, value);
  // 驗證是否存在著已輸入期望值的表單架構元素，
  expect(screen.getByDisplayValue(value)).toBeInTheDocument();
});
```

輸入密碼

同樣地，來試試輸入密碼吧！下面的測試乍看成功、但其實發生錯誤而失敗了（List 5-24）。

▶ List 5-24　檢查密碼輸入欄位是否存在

TypeScirpt
```
test("密碼輸入欄位", async () => {
  render(<InputAccount />);
  const textbox = screen.getByRole("textbox", { name: "密碼" });
  expect(textbox).toBeInTheDocument();
});
```

原因是因為<input type='password'/>**未具備角色**。看起來應該會像是textbox一樣，所以令人感到困惑。HTML元素有些是會依據被賦予的屬性而改變原生角色的。舉個簡單的例子來說，<input type='radio'/>雖是<input>元素，但角色卻是radio。因此需要注意HTML元素並不一定會等同於角色。

關於<input type='password'/>未具備角色的部分，細節再請另行參閱https://github.com/w3c/aria/issues/935。至於獲取元素的替代方案之一，則是使用參照了placeholder的值的getByPlaceholderText來鎖定密碼輸入欄位（List 5-25）。

▶ List 5-25　src/05/05/InputAccount.test.tsx

TypeScirpt
```
test("密碼輸入欄位", async () => {
  render(<InputAccount />);
  expect(() => screen.getByRole("textbox", { name: "密碼" })).toThrow();
  expect(() => screen.getByPlaceholderText("請輸入8個字以上")).not.toThrow();
});
```

取得了元素之後，再來就一樣執行文字輸入、寫斷言（List 5-26）。於是我們完成密碼輸入的測試了。

▶ List 5-26　src/05/05/InputAccount.test.tsx

```
TypeScript
test("密碼輸入欄位", async () => {
  render(<InputAccount />);
  const password = screen.getByPlaceholderText("請輸入8個字以上");
  const value = "abcd1234";
  await user.type(password, value);
  expect(screen.getByDisplayValue(value)).toBeInTheDocument();
});
```

● 測試「新帳號註冊表單」

最後要來測的是母元件本身，也就是表單元件（List 5-27）。Agreement元件的「同意使用條款」的勾選與否，則會使用React的useState鉤子（hooks）來維持該元件的狀態。

▶ List 5-27　src/05/05/Form.tsx

```
TypeScript
import { useId, useState } from "react";
import { Agreement } from "./Agreement";
import { InputAccount } from "./InputAccount";

export const Form = () => {
  const [checked, setChecked] = useState(false);
  const headingId = useId();
  return (
    <form aria-labelledby={headingId}>
      <h2 id={headingId}>註冊新帳號</h2>
      <InputAccount />
      <Agreement
        onChange={(event) => {
          setChecked(event.currentTarget.checked);
        }}
      />
      <div>
        <button disabled={!checked}>註冊</button>
      </div>
    </form>
  );
};
```

測試「註冊」按鈕的啟用／禁用狀態

勾選核取方塊，可以讓持有布林值的checked切換「註冊」按鈕的啟用／禁用狀態。跟剛剛輸入文字一樣，我們拿userEvent.setup所準備的user來用，並以await user.click(元素)來重現滑鼠點擊勾選的動作。此時用來驗證按鈕的啟用／禁用狀態的比對器會是toBeDisabled跟toBeEnabled（List 5-28）。

▶ List 5-28　src/05/05/Form.test.tsx

TypeScript

```
test("「註冊」按鈕為禁用狀態", () => {
  render(<Form />);
  expect(screen.getByRole("button", { name: "註冊" })).toBeDisabled();
});

test("勾選「同意使用條款」核取方塊後，「註冊」按鈕將會啟用", ➡
async () => {
  render(<Form />);
  await user.click(screen.getByRole("checkbox"));
  expect(screen.getByRole("button", { name: "註冊" })).toBeEnabled();
});
```

form的無障礙名稱

這個表單的無障礙名稱引用了具備heading角色的<h2>元素字串。對aria-labelledby屬性指定<h2>元素的ID，就能使其引用無障礙名稱（List 5-29）。

HTML的id屬性在文件內必須得是獨一無二的。為了不要重複的關係、導致要管理這個值可能比較難，但使用React 18新增的鉤子的useId，可以依循我們需要的無障礙立場來自動產生需要的id值，以自動管理的角度來看也算方便。

▶ List 5-29　使用useId產生獨一無二的ID

TypeScript

```
import { useId } from "react";

export const Form = () => {
  const headingId = useId();
  return (
    <form aria-labelledby={headingId}>
      <h2 id={headingId}>註冊新帳號</h2>
      〜〜〜〜〜 中略 〜〜〜〜〜
```

```
    </form>
  );
};
```

藉由傳遞無障礙名稱，就能為 <form> 元素套用 form 角色（若沒有無障礙名稱時則無法具備角色）（List 5-30）。

▶ List 5-30　form 角色の要素取得

```typescript
test("form的無障礙名稱引用自標題", () => {
  render(<Form />);
  expect(
    screen.getByRole("form", { name: "註冊新帳號" })
  ).toBeInTheDocument();
});
```

5-6 使用公用函式進行測試

在 UI 元件測試當中，驗證的起點落在使用者的操作（互動）。接下來就要講解如何將 Web 應用程式不可或缺的 Form 輸入互動轉換為函式、並進一步運用的小訣竅。

程式碼範本　src/05/06

● 測試目標的 UI 元件

下面是用來輸入收件資訊的表單（List 5-31），假設有位登入系統的使用者正在購物，並打算安排配送到指定地址。第一次購買的人由於沒有歷史紀錄可循，因此會需要輸入「收件資料」；而已經有購買過的人則可以從「曾使用過的收件資料」來選擇、也可以決定再次輸入「新的收件資料」。

▶ List 5-31　src/05/06/Form.tsx

TypeScirpt

```
import { useState } from "react";
import { ContactNumber } from "./ContactNumber";
import { DeliveryAddress } from "./DeliveryAddress";
import { PastDeliveryAddress } from "./PastDeliveryAddress";
import { RegisterDeliveryAddress } from "./RegisterDeliveryAddress";

export type AddressOption = React.ComponentProps<"option"> & { id: string };
export type Props = {
  deliveryAddresses?: AddressOption[];
  onSubmit?: (event: React.FormEvent<HTMLFormElement>) => void;
};
export const Form = (props: Props) => {
  const [registerNew, setRegisterNew] = useState<boolean | undefined>(
    undefined
  );
  return (
    <form onSubmit={props.onSubmit}>
      <h2>輸入收件地址</h2>
      <ContactNumber />
      {props.deliveryAddresses?.length ? (
        <>
          <RegisterDeliveryAddress onChange={setRegisterNew} />
          {registerNew ? (
            <DeliveryAddress title="新的收件地址" />
          ) : (
            <PastDeliveryAddress
              disabled={registerNew === undefined}
              options={props.deliveryAddresses}
            />
          )}
        </>
      ) : (
        <DeliveryAddress />
      )}
      <hr />
      <div>
        <button>前往確認訂單內容</button>
      </div>
    </form>
  );
};
```

這裡要驗證的是3種不同的畫面判斷所送出的值（表5-2）。

- 沒有曾使用過的收件資料
- 有曾使用過的收件資料：但不輸入新的收件資料
- 有曾使用過的收件資料：仍輸入新的收件資料

表5-2　狀態不同，畫面也不同

狀態	畫面
沒有曾使用過的收件資料	**輸入收件資料** 聯絡資料 電話號碼 姓名 收件資料 郵遞區號 167-0051 都道府縣 東京都 市區町村 杉並區荻窪1 番地番號 00-00 前往確認訂單內容
有曾使用過的收件資料	**輸入收件資料** 聯絡資料 電話號碼 姓名 請問是否記住新的收件資料？ ○不用了，謝謝　○好，請記住 曾使用過的收件資料 167-0051 東京都杉並區荻窪1-00-00 前往確認訂單內容

● 將輸入表單的互動變成函式

測試表單輸入，就需要不斷地寫出同樣地互動。尤其像是這次測試裡包含了不同畫面時更是如此。需要重複多次的同一個互動，我們可以將它彙整成一個函式來重複運用。下面就是「輸入聯絡資料」的互動函式。在引數內預先設定好輸入內容的初始值，有需要調整時再微調就可以了（List 5-32）。

▶ List 5-32　src/05/06/Form.test.tsx

```typescript
async function inputContactNumber(
  inputValues = {
    name: "田中 太郎",
    phoneNumber: "000-0000-0000",
  }
) {
  await user.type(
    screen.getByRole("textbox", { name: "電話號碼" }),
    inputValues.phoneNumber
  );
  await user.type(
    screen.getByRole("textbox", { name: "姓名" }),
    inputValues.name
  );
  return inputValues;
}
```

在接下來是「輸入收件資訊」的互動函式（List 5-33）。類似這種有許多欄位需要輸入的表單，就更能體會到轉變成函式的優勢了。

▶ List 5-33　src/05/06/Form.test.tsx

```typescript
async function inputDeliveryAddress(
  inputValues = {
    postalCode: "167-0051",
    prefectures: "東京都",
    municipalities: "杉並區荻窪1",
    streetNumber: "00-00",
  }
) {
  await user.type(
    screen.getByRole("textbox", { name: "郵遞區號" }),
    inputValues.postalCode
```

```
  );
  await user.type(
    screen.getByRole("textbox", { name: "都道府縣" }),
    inputValues.prefectures
  );
  await user.type(
    screen.getByRole("textbox", { name: "市區町村" }),
    inputValues.municipalities
  );
  await user.type(
    screen.getByRole("textbox", { name: "番地番號" }),
    inputValues.streetNumber
  );
  return inputValues;
}
```

● 沒有曾使用過的收件資料

那麼就針對「沒有曾使用過的收件資料」時的顯示寫測試囉（List 5-34）。<Form>元件裡可以將deliveryAddresses指定為Props，這等同於「曾使用過的收件資料」。如果不指定的話，那就會變成是「沒有曾使用過的收件資料」的狀態。由於需要輸入收件資訊，因此也驗證是否有顯示可輸入的區域。

▶ List 5-34　src/05/06/Form.test.tsx

```typescript
describe("沒有曾使用過的收件資料", () => {
  test("有收件資料的輸入欄位", () => {
    render(<Form />);
    expect(screen.getByRole("group", { name: "聯絡資料" })).
toBeInTheDocument();
    expect(screen.getByRole("group", { name: "收件資料" })).
toBeInTheDocument();
  });
});
```

接著用事先備妥的互動函式來填入資料（List 5-35）。inputContactNumber函式與inputDeliveryAddress函式分別代表輸入的內容以及回傳值。預計會輸入的內容在{ ...contactNumber, ...deliveryAddress }就已經充分表達了，所以驗證「輸入的內容是否有送出？」就如下方的程式碼來執行。

▶ List 5-35　src/05/06/Form.test.tsx

```tsx
describe("沒有曾使用過的收件資料", () => {
  test("輸入、傳送，送出所輸入的內容", async () => {
    const [mockFn, onSubmit] = mockHandleSubmit();
    render(<Form onSubmit={onSubmit} />);
    const contactNumber = await inputContactNumber();
    const deliveryAddress = await inputDeliveryAddress();
    await clickSubmit();
    expect(mockFn).toHaveBeenCalledWith(
      expect.objectContaining({ ...contactNumber, ...deliveryAddress })
    );
  });
});
```


還沒有跟各位介紹過clickSubmit函式，不過相信大家都已經從測試程式碼中看出它的任務了！當我們把互動的操作細節放到函式內隱藏起來時，就更能一目瞭然現在的測試究竟是想要驗證什麼了。

用模擬函式驗證Form事件

為了要驗證使用onSubmit送出的值，會用到模擬函式（List 5-36）。mockHandleSubmit函式是由Spy跟事件處理器搭配而成的產物。

▶ List 5-36　src/05/06/Form.test.tsx

```tsx
function mockHandleSubmit() {
  const mockFn = jest.fn();
  const onSubmit = (event: React.FormEvent<HTMLFormElement>) => {
    event.preventDefault();
    const formData = new FormData(event.currentTarget);
    const data: { [k: string]: unknown } = {};
    formData.forEach((value, key) => (data[key] = value));
    mockFn(data);
  };
  return [mockFn, onSubmit] as const;
}
```

● 有曾使用過的收件資料

接下來要寫「有曾使用過的收件資料」時的測試（List 5-37）。只要將相當於曾使用過的收件資料的物件傳遞給 `<Form>` 元件的 `deliveryAddresses`，就成重現該狀態。此時會出現「要輸入新的收件資料嗎？」的詢問。而現在無論是選擇「不用了，謝謝／好，請記住」的哪一邊，「曾使用過的收件資料」的選擇框都還是禁用狀態。

▶ List 5-37　src/05/06/Form.test.tsx

```
TypeScirpt
describe("有曾使用過的收件資料", () => {
  test("須先回答問題、否則無法選擇收件資料", () => {
    render(<Form deliveryAddresses={deliveryAddresses} />);
    expect(
      screen.getByRole("group", { name: "要輸入新的收件資料嗎？" })
    ).toBeInTheDocument();
    expect(
      screen.getByRole("group", { name: "曾使用過的收件資料" })
    ).toBeDisabled();
  });
});
```

選擇「不用了，謝謝」時，驗證所送出的內容

選擇「不用了，謝謝」時，就不需要觸發輸入地址的互動（`inputDeliveryAddress` 函式）。只需要執行輸入聯絡資訊的互動（`inputContactNumber` 函式），確認所輸入的內容有送出即可（List 5-38）。

▶ List 5-38　src/05/06/Form.test.tsx

```
TypeScirpt
describe("有曾使用過的收件資料", () => {
  test("選擇「不用了，謝謝」，輸入、傳送，送出所輸入的內容", async () => {
    const [mockFn, onSubmit] = mockHandleSubmit();
    render(<Form deliveryAddresses={deliveryAddresses} onSubmit={onSubmit} />);
    await user.click(screen.getByLabelText("不用了，謝謝"));
    expect(getGroupByName("曾使用過的收件資料")).toBeInTheDocument();
    const inputValues = await inputContactNumber();
    await clickSubmit();
    expect(mockFn).toHaveBeenCalledWith(expect.objectContaining(inputValues));
  });
});
```

選擇「好，請記住」時，驗證所送出的內容

另一方面，當選擇了「好，請記住」時，就需要輸入地址的互動（inputDeliveryAddress函式）了（List 5-39）。跟前面的沒有曾使用過的收件資料一樣，得要逐一輸入所有項目的內容、並驗證所輸入的內容是否有送出。

▶ List 5-39 src/05/06/Form.test.tsx

TypeScript
```
describe("有曾使用過的收件資料", () => {
  test("選擇「好，請記住」，輸入、傳送，送出所輸入的內容", async () => {
    const [mockFn, onSubmit] = mockHandleSubmit();
    render(<Form deliveryAddresses={deliveryAddresses} onSubmit={onSubmit}
/>);
    await user.click(screen.getByLabelText("是"));
    expect(getGroupByName("新的收件資訊")).toBeInTheDocument();
    const contactNumber = await inputContactNumber();
    const deliveryAddress = await inputDeliveryAddress();
    await clickSubmit();
    expect(mockFn).toHaveBeenCalledWith(
      expect.objectContaining({ ...contactNumber, ...deliveryAddress })
    );
  });
});
```

5-7 含有非同步處理的UI元件測試

剛才學會了如何在<input>元素有輸入文字時，測試「呼叫<form>元素的onSubmit事件處理器」，現在要學的是使用FetchAPI將值送出為止的階段的測試。

程式碼範本 src/05/07

● 測試目標的UI元件

這裡有個註冊帳號的網頁顯示元件（List 5-40、圖5-6）。依據Web API的回應，將訊息放入postResult。訊息就直接顯示在UI元件上。這裡的<Form>元件會在onSubmit事件發生時執行以下處理。

① handleSubmit函式：將使用form元素送出的值轉換成values物件

② checkPhoneNumber函式：驗證送出的值

③ postMyAddress函式：呼叫Web API客戶端

▶ List 5-40　src/05/07/RegisterAddress.tsx

TypeScirpt

```
import { useState } from "react";
import { Form } from "../04/Form";
import { postMyAddress } from "./fetchers";
import { handleSubmit } from "./handleSubmit";
import { checkPhoneNumber, ValidationError } from "./validations";

export const RegisterAddress = () => {
  const [postResult, setPostResult] = useState("");
  return (
    <div>
      <Form ◄──── ①
        onSubmit={handleSubmit((values) => {
          try {
            checkPhoneNumber(values.phoneNumber); ◄──── ②
            postMyAddress(values) ◄──── ③
              .then(() => {
                setPostResult("註冊成功");
              })
              .catch(() => {
                setPostResult("未註冊完成");
              });
          } catch (err) {
            if (err instanceof ValidationError) {
              setPostResult("您所輸入的內容不正確");
              return;
            }
            setPostResult("發生未知的錯誤");
          }
        })}
      />
      {postResult && <p>{postResult}</p>}
    </div>
  );
};
```

輸入收件資料

聯絡資料

電話號碼

姓名

收件資料

郵遞區號 167-0051

都道府縣 東京都

市區町村 杉並區荻窪1

番地番號 00-00

前往確認訂單內容

您所輸入的內容不正確

圖5-6　測試目標的UI元件

測試需要依照輸入內容與Web API回應所衍生的4種訊息來確認是否顯示正確。就讓我們一起來寫出這4種訊息顯示的測試吧！

● 確認Web API客戶端

使用有Fetch API的Web API客戶端`postMyAddress`將值統整放到`values`（List 5-41）。這裡的Web API客戶端跟第4章第6節的幾乎沒有不同，當HTTP狀態碼出現300以上時會拋出例外。

▶ List 5-41　src/05/07/fetchers/index.ts

TypeScript

```
export function postMyAddress(values: unknown): Promise<Result> {
  return fetch(host("/my/address"), {
    method: "POST",
    body: JSON.stringify(values),
    headers,
  }).then(handleResponse);
}
```

● Web API客戶端的模擬函式

參考第4章第6節「Web API的細部模擬」，準備將postMyAddress作為模擬函式（List 5-42）。

▶ List 5-42　src/05/07/fetchers/mock.ts

```
TypeScript
import * as Fetchers from ".";
import { httpError, postMyAddressMock } from "./fixtures";

export function mockPostMyAddress(status = 200) {
  if (status > 299) {
    return jest
      .spyOn(Fetchers, "postMyAddress")
      .mockRejectedValueOnce(httpError);
  }
  return jest
    .spyOn(Fetchers, "postMyAddress")
    .mockResolvedValueOnce(postMyAddressMock);
}
```

● 執行輸入及傳送互動函式

要來測試操作UI並按下傳送按鈕的結果。參考前一小節「使用公用函式進行測試」的內容，我們要將「輸入所有應輸入的欄位、並送出」彙整到同一個非同步函式內（List 5-43）。

▶ List 5-43　src/05/07/RegisterAddress.test.tsx

```
TypeScript
async function fillValuesAndSubmit() {
  const contactNumber = await inputContactNumber();
  const deliveryAddress = await inputDeliveryAddress();
  const submitValues = { ...contactNumber, ...deliveryAddress };
  await clickSubmit();
  return submitValues;
}
```

● 測試收到成功回應時

那麼先來看看成功時的測試情況（List 5-44）。透過mockPostMyAddress函式替換了Web API客戶端的回應。對了，使用模擬模組執行測試時，別忘了在檔案一開始要執行jest.mock（模擬路徑）囉。

▶ List 5-44　src/05/07/RegisterAddress.test.tsx

```
TypeScript
test("成功時顯示「註冊成功」", async () => {
  const mockFn = mockPostMyAddress();
  render(<RegisterAddress />);
  const submitValues = await fillValuesAndSubmit();
  expect(mockFn).toHaveBeenCalledWith(expect.objectContaining(submitValu
es));
  expect(screen.getByText("註冊成功")).toBeInTheDocument();
});
```

● 測試收到失敗回應時

由於要重現Web API回應reject的情況，將模擬函式引數設定為500（List 5-45）。此時reject了之後就會看到錯誤訊息的文字顯示在畫面上。

▶ List 5-45　src/05/07/RegisterAddress.test.tsx

```
TypeScript
test("失敗時顯示「未註冊完成」", async () => {
  const mockFn = mockPostMyAddress(500);
  render(<RegisterAddress />);
  const submitValues = await fillValuesAndSubmit();
  expect(mockFn).toHaveBeenCalledWith(expect.objectContaining(submitValu
es));
  expect(screen.getByText("未註冊完成")).toBeInTheDocument();
});
```

● 測試驗證錯誤時的情況

比照第4章第6節「Web API的細部模擬」的做法，要來驗證送出的值。遇到不正確的內容（不希望出現的格式）時，就不會傳送，立刻就能提醒使用者輸入正確的資訊。有很多方便的驗證用函式庫，不過我們這邊自己寫個簡單的驗證囉（List 5-46、List 5-46）。

checkPhoneNumber是用來驗證電話號碼的函式。值當中若有「半型數字、連字符」以外的內容，就拋出ValidationError。我們使用try...catch來涵蓋，當err是ValidationError實例化的時候，就判定為驗證錯誤。

▶ List 5-46　src/05/07/RegisterAddress.tsx

```
TypeScript
<Form
  onSubmit={handleSubmit((values) => {
    try {
      checkPhoneNumber(values.phoneNumber);
      // 獲取資料的函式
    } catch (err) {
      if (err instanceof ValidationError) {
        setPostResult("含有不正確的內容");
        return;
      }
    }
  })}
/>
```

▶ List 5-47　src/05/07/validations.ts

```
TypeScript
export class ValidationError extends Error {}

export function checkPhoneNumber(value: any) {
  if (!value.match(/^[0-9\-]+$/)) {
    throw new ValidationError();
  }
}
```

為了要能通過這個判斷驗證錯誤的測試，我們另外準備了含有「半型數字、連字符以外的內容」的 `fillInvalidValuesAndSubmit` 函式（List 5-48），並以 `inputContactNumber` 函式來將輸入內容變成不正確的值。

▶ List 5-48　src/05/07/RegisterAddress.test.tsx

```
TypeScript
async function fillInvalidValuesAndSubmit() {
  const contactNumber = await inputContactNumber({
    name: "田中 太郎",
    phoneNumber: "abc-defg-hijk",   ← 變更為不正確的值
  });
  const deliveryAddress = await inputDeliveryAddress();
  const submitValues = { ...contactNumber, ...deliveryAddress };
  await clickSubmit();
  return submitValues;
}
```

像這樣囊括了「準備、執行、驗證」三階段的測試程式碼，稱為 Arrange-Act-Assert（AAA），特色是很好判讀（List 5-49）。

▶ List 5-49　src/05/07/RegisterAddress.test.tsx

TypeScirpt

```
test("驗證錯誤時，顯示訊息", async () => {
  render(<RegisterAddress />);              ◀── 準備：Arrange
  await fillInvalidValuesAndSubmit();       ◀── 執行：Act
  expect(screen.getByText("輸入內容不正確")).toBeInTheDocument(); ◀── 驗證：Assert
});
```

● 測試出現未知錯誤時

在沒有執行模擬函式的測試中，Web API 無法順利執行處理（List 5-50）。這可以作為嘗試重現出現未知錯誤時的方法。

▶ List 5-50　src/05/07/RegisterAddress.test.tsx

TypeScirpt

```
test("出現未知錯誤時、顯示訊息", async () => {
  render(<RegisterAddress />);
  await fillValuesAndSubmit();
  expect(screen.getByText("出現未知錯誤")).toBeInTheDocument();
});
```

以上就是使用模擬函式測試 4 種訊息顯示的情況的測試教學。由於非同步處理在針對錯誤上的判斷大多都會變得比較複雜，因此在寫測試的時候不妨一邊思索有沒有遺漏的環節喔！

5-8 UI元件的快照測試（snapshot testing）

快照測試可以用來驗證 UI 元件是否出現意料之外的降級問題。那麼就進入教學吧！

程式碼範本　src/05

● 記錄snapshot

在執行UI元件的快照測試時，可以將特定時間點的渲染結果以HTML字串的方式儲存在外部檔案裡。執行快照測試時，我們要在測試目標的UI元件測試檔案例執行包含如下toMatchSnapshot的斷言（List 5-51）。

▶ List 5-51　src/05/03/Form.test.tsx

```
TypeScirpt
test("Snapshot: 帳戶名稱顯示為「taro」", () => {
  const { container } = render(<Form name="taro" />);
  expect(container).toMatchSnapshot();
});
```

如此一來，就能建立與測試檔案相同階層的__snapshots__，輸出與目標測試檔案相同名稱的.snap檔案。檔案內容如下，可以看到UI元件已經轉換為HTML字串了（List 5-52）。

▶ List 5-52　src/05/03/__snapshots__/Form.test.tsx.snap

```
snapshot
exports[`Snapshot: 帳戶名稱顯示為「taro」1`] = `
<div>
  <form>
    <h2>
      帳戶資訊
    </h2>
    <p>
      taro
    </p>
    <div>
      <button>
        編輯
      </button>
    </div>
  </form>
</div>
`;
```

這裡的.snap檔案是自動產生的，我們將它提交為git管理對象。

● 刻意製造降級問題

快照測試的基本蓋面就是將已提交的 `.snap` 檔案跟目前的快照互相比較，如果有差異的話就表示測試失敗。而為了讓測試能夠失敗，我們刻意將 name 的部分改為「jiro」（List 5-53）。

▶ List 5-53　src/05/03/Form.test.tsx

```typescript
test("Snapshot: 帳戶名稱顯示為「taro」", () => {
  const { container } = render(<Form name="jiro" />);
  expect(container).toMatchSnapshot();
});
```

執行測試後，剛才變更的位置觸發了 diff，測試以失敗告終。雖然這是刻意製造一個非常單純的降級問題，然而當 UI 元件的結構比較複雜時，依然可以檢測到非刻意的降級問題。

```bash
Snapshot: 帳戶名稱顯示為「taro」

 expect(received).toMatchSnapshot()

 Snapshot name: `Snapshot: 帳戶名稱顯示為「taro」1`

 - Snapshot  - 1
 + Received  + 1

 @@ -2,11 +2,11 @@
     <form>
       <h2>
         帳戶資訊
       </h2>
       <p>
 -       taro
 +       jiro
       </p>
       <div>
         <button>
           編輯
         </button>

  26 | test("Snapshot: 帳戶名稱顯示為「taro」", () => {
```

```
   27 |     const { container } = render(<Form name="jiro" />);
 > 28 |     expect(container).toMatchSnapshot();
      |                       ^
   29 | });
```

● 更新快照

反之，為了要讓剛才失敗的測試得以成功，則需要更新已提交的快照。在測試執行時附加`--updateSnapshot`或者`-u` option，就能將快照修改為新的內容。

畢竟記錄了快照測試後，還是有可能因為新增或變更功能而導致UI元件所輸出的HTML內容持續產生變化。當差異是我們所造成時，就能以「獲得同意的變更」的想法來提交新的快照內容。

bash
```bash
$ npx jest --updateSnapshot
```

● 也能記錄下執行互動後的快照

除了可以在UI元件的Props放入輸出結果之外，也能記錄執行互動後的輸出內容。先來回顧一下方才的快照測試內容，這是最初期的渲染狀態的快照（List 5-54）。

▶ List 5-54　src/05/07/RegisterAddress.test.tsx

TypeScirpt
```tsx
test("Snapshot: 顯示註冊表", async () => {
  mockPostMyAddress();
  // const mockFn = mockPostMyAddress();
  const { container } = render(<RegisterAddress />);
  // const submitValues = await fillValuesAndSubmit();
  // expect(mockFn).toHaveBeenCalledWith(expect.objectContaining➡
(submitValues));
  expect(container).toMatchSnapshot();
});
```

在註記為意見的地方我們進行如下變更（List 5-55）。隨後傳送表單，等收到成功回應時再記錄下快照。

▶ List 5-55 src/05/07/RegisterAddress.test.tsx

TypeScirpt

```
test("Snapshot: 顯示註冊表單", async () => {
  // mockPostMyAddress();
  const mockFn = mockPostMyAddress();
  const { container } = render(<RegisterAddress />);
  const submitValues = await fillValuesAndSubmit();
  expect(mockFn).toHaveBeenCalledWith(expect.objectContaining(submitValues));
  expect(container).toMatchSnapshot();
});
```

於是順利地檢測到了「註冊成功」的差異。將到顯示訊息為止的一連串邏輯當中，哪個環節有出現預期之外的降級問題揪出來，就是快照測試的功用。

bash

```
 Snapshot: 顯示註冊表單

  expect(received).toMatchSnapshot()

  Snapshot name: `Snapshot: 顯示註冊表單 1`

  - Snapshot   - 0
  + Received   + 3

  @@ -77,7 +77,10 @@
            <button>
              前往確認訂單內容
            </button>
          </div>
        </form>
  +     <p>
  +       註冊成功
  +     </p>
      </div>
    </div>

    67 |   const submitValues = await fillValuesAndSubmit();
    68 |   expect(mockFn).toHaveBeenCalledWith(expect.objectContaining➡
(submitValues));
  > 69 |   expect(container).toMatchSnapshot();
       |                     ^
    70 | });
```

5-9 原生角色與無障礙名稱（accessible name）

一開始提到過Testing Library「所有人都可存取的查詢」的getByRole這個HTML「角色」。「角色」是包含在由制定Web技術標準的W3C所編撰的「WAI-ARIA」的屬性之一。

WAI-ARIA可以補足單靠標記式語言所不足的資訊，或是期待傳遞的意思如我們所想。使用基於WAI-ARIA的測試程式碼，就能驗證我們的內容能否順利傳遞給那些需要螢幕閱讀器等輔助功能的使用者。

● 原生角色

有許多個HTML元素打從一開始就具備角色。例如button元素就具備button角色。因此就不需要像下面這樣明白地賦予角色。這種初始狀態就具備角色的元素，稱為「原生角色」。

```html
<!-- 具備原生button角色 -->
<button>送信</button>
<!-- 不需要賦予role屬性 -->
<button role="button">送信</button>
```

如果基於某些理由需要將button元素以外的物件作為按鈕時，可以明確賦予「role屬性」，來告知輔助功能說此處是個按鈕（當然如果可以直接使用button元素來標記當然最好）。

```html
<!-- 賦予想要的role屬性 -->
<div role="button">送信</div>
```

想要的標記方式來實現UI元件時，可以透過引用原生角色查詢來寫測試。除了W3C規範之外，MDN也有明確記載了HTML元素所具備的「原生ARIA角色」，有需要時都可以參閱。

● 角色與元素的關係並非一個蘿蔔一個坑

元素所具備的「原生角色」，跟元素本身的關係並非是一個蘿蔔一個坑。原生角色會因為賦予給元素的屬性而產生變化。最具代表性的就是input元素。當我們將input元素指定為type屬性時，不僅原生角色會改變、連type屬性名稱跟角色名稱可能也不會相同。

HTML

```html
<!-- role="textbox" -->
<input type="text" />
<!-- role="checkbox" -->
<input type="checbox" />
<!-- role="radio" -->
<input type="radio" />
<!-- role="spinbutton" -->
<input type="number" />
```

● 使用aria屬性值進行篩選

h1～h6元素是原生角色，本來就具備了heading角色。換言之，測試目標裡有h1與h2時，就等於包含了多個heading角色在內。為此，嘗試以screen.getByRole("heading")獲取元素時就會失敗（而使用screen.getAllByRole("heading")則會成功）。

HTML

```html
<!-- 明確地賦予role屬性是不對的 -->
<h1 role="heading">標題1</h1>
<h2 role="heading">標題2</h2>
<h3 role="heading">標題3</h3>
<!-- 原本就具備heading角色 -->
<h1>標題1</h1>
<h2>標題2</h2>
<h3>標題3</h3>
```

假設我們想要在這樣的案例當中單獨鎖定h1的話，可以透過level物件來指定標題層級。Testing Library當中無論是①與②都能使用getByRole("heading",{ level: 1 })這個查詢來鎖定目標。

```typescript
getByRole("heading", { level: 1 });
// ① <h1>標題1</h1>
// ② <div role="heading" aria-level="1">標題1</div>
```

● 使用無障礙名稱進行篩選

無障礙名稱是輔助功能用來辨識的節點名稱。螢幕閱讀器為了要簡單扼要地講解控制功能時，就會朗讀無障礙名稱。

比方說當按鈕上有「送出」字樣，就會朗讀「送出」。只不過，當按鈕上沒有字、單純是以圖示來顯示時，需要螢幕閱讀器幫忙的使用者就無從得知那個按鈕是什麼功能。

於是我們需要賦予圖示的圖片「alt屬性」，讓這個按鈕可以被朗讀為「送出」。下面的①與②都是可以算出「送出」這個無障礙名稱的寫法，而name option就是無障礙名稱。

```typescript
getByRole("button", { name: "送出" });
// ① <button>送出</button>
// ② <button><img alt="送出" src="path/to/img.png" /></button>
```

要決定怎麼使用無障礙名稱會牽扯到許多因素，也可以依循「Accessible Name and Description Computation 1.2」※5-8來進行運算。在尚未熟練之前不妨善用偵錯工具來確認看看究竟會算出怎麼樣的無障礙名稱。

● 確認原生角色與無障礙名稱

要確認角色與無障礙名稱是怎麼建構而成有許多方法，其中一個是使用瀏覽器的開發者工具／擴充功能，確認UI元件的無障礙樹。

另一個方法是在測試程式碼裡，用渲染結果來確認角色與無障礙名稱。這裡拿第5章第3節的範例來講解（List 5-56）。

※5-8 https://www.w3.org/TR/accname-1.2/

▶ List 5-56　src/05/03/Form.tsx

```
TypeScirpt
export const Form = ({ name, onSubmit }: Props) => {
  return (
    <form
      onSubmit={(event) => {
        event.preventDefault();
        onSubmit?.(event);
      }}
    >
      <h2>帳戶資訊</h2>
      <p>{name}</p>
      <div>
        <button>編輯</button>
      </div>
    </form>
  );
};
```

把render函式的到的container放入引數，執行@testing-library/react的logRoles函式（List 5-57）。

▶ List 5-57　src/05/03/Form.test.tsx

```
TypeScirpt
import { logRoles, render } from "@testing-library/react";
import { Form } from "./Form";

test("logRoles: 使用渲染結果確認角色與無障礙名稱", () => {
  const { container } = render(<Form name="taro" />);
  logRoles(container);
});
```

可以看到獲取到的元素被-------所區隔開來，並且輸出了日誌。輸出為heading:的位置是「角色」，而輸出為Name　"帳戶資訊"的位置則是「無障礙名稱」。

```
bash
heading:

Name "帳戶資訊":
<h2 />
```

```
--------------------------------------------------
button:

Name "編輯":
<button />

--------------------------------------------------
```

不妨運用這個偵錯結果，考慮更縝密的無障礙性需求，並反映到測試當中。

有興趣知道更多有關WAI-ARIA跟角色的細節，建議可參考以下的文獻。

- Accessible Rich Internet Applications (WAI-ARIA) 1.2

  URL https://www.w3.org/TR/wai-aria-1.2/

- WAI-ARIA 角色

  URL https://developer.mozilla.org/ja/docs/Web/Accessibility/ARIA/Roles

● 原生角色對照表

原生角色對照表請參照下一頁（表5-3）。輔助功能跟Testing Library都同樣有著對原生角色的解釋。Testing Library會使用內建的「aria-query」函式庫，原生角色的計算結果會依賴aria-query。（jsdom則跟無障礙樹無關）。

URL https://www.npmjs.com/package/aria-query

表5-3　原生角色對照表

HTML元素	WAI-ARIA原生角色	備註
<article>	article	
<aside>	complementary	
<nav>	navigation	
<header>	banner	
<footer>	contentinfo	
<main>	main	
<section>	region	指定aria-labelledby時
<form>	form	僅限具備無障礙名稱時
<button>	button	
<a href="xxxxx">	link	僅限具備href屬性時
<input type="checkbox">	checkbox	
<input type="radio">	radio	
<input type="button">	button	
<input type="text">	textbox	
<input type="password">	無	
<input type="search">	searchbox	
<input type="email">	textbox	
<input type="url">	textbox	
<input type="tel">	textbox	
<input type="number">	spinbutton	
<input type="range">	slider	
<select>	listbox	
<optgroup>	group	
<option>	option	
<ul>	list	
<ol>	list	
<li>	listitem	
<table>	table	
<caption>	caption	
<th>	columnheader/rowheader	依列標頭或行標頭而改變
<td>	cell	
<tr>	row	
<fieldset>	group	
<legend>	無	

第6章

怎麼看程式碼覆蓋率報告 (Coverage Report)

6-1 程式碼覆蓋率報告簡介

測試框架當中有個評估「測試涵蓋了測試目標當中多大範圍」的報表輸出功能叫做「**程式碼覆蓋率報告**」，Jest也有內建。

● 輸出程式碼覆蓋率報告

加上`--coverage` option並執行測試後，就可以得到程式碼覆蓋率報告了※6-1。

```bash
$ npx jest --coverage
```

輸出到命令列的程式碼覆蓋率報告如下。

```bash
----------------|---------|----------|---------|---------|-------------------
File            | % Stmts | % Branch | % Funcs | % Lines | Uncovered Line #s
----------------|---------|----------|---------|---------|-------------------
All files       |   69.23 |    33.33 |     100 |   69.23 |
 Articles.tsx   |   83.33 |    33.33 |     100 |   83.33 | 7
 greetByTime.ts |   57.14 |    33.33 |     100 |   57.14 | 5-8
----------------|---------|----------|---------|---------|-------------------

Test Suites: 2 passed, 2 total
Tests:       4 skipped, 2 passed, 6 total
Snapshots:   0 total
Time:        1.655 s
```

※6-1 npx為node package executor的簡稱，是執行套件的工具。

● 程式碼覆蓋率的結構

Jest的程式碼覆蓋率報告由下表的內容所組成（表6-1）。「Stmts、Branch、Funcs、Lines」4個覆蓋率會以百分比數值拉顯示測試執行時被呼叫與否。

表6-1　報告中的覆蓋率的含義

File	Stmts	Branch	Funcs	Lines	Uncovered Line
檔案名稱	語句覆蓋率	分支覆蓋率	函式覆蓋率	行數覆蓋率	沒有被覆蓋到的程式碼

● Stmts（語句覆蓋率）

表達測試目標檔案中的「所有Statement（指令）」是否至少都必須執行過1次的百分比。

● Branch（分支覆蓋率）

表達測試目標檔案中的「所有條件分支判斷」是否至少都執行過1次的百分比。`if`條件式或`case`語法、三元運算子的分支都屬於檢測對象。這項是重要的覆蓋率評分標準，也經常能幫助我們找出有哪些條件分支判斷還沒寫到測試。

● Funcs（函式覆蓋率）

表達測試目標檔案中的「所有函式」是否至少都曾被呼叫過1次的百分比。雖然專案用不到，不過可以用來找出有被執行`export`的函式。

● Lines（行數覆蓋率）

表達測試目標檔案中的「所有行數」是否至少都執行過1次的百分比。

6-2 怎麼解讀程式碼覆蓋率報告

這邊要用第4章、第5章所講解的程式碼範本來教大家如何解讀程式碼覆蓋率報告。不僅是命令列介面的寶告，Jest內建功能就能輸出HTML格式的報告。在`jest.config`檔案內如下進行設定，就可以在無須命令列引數的狀態下產出報告（`coverageDirectory`是輸出報告的目錄名稱，可以自行為目錄命名）（List 6-1）。

▶ List 6-1　jest.config.ts

```
export default {
  ～～～～～～ 中略 ～～～～～～
  collectCoverage: true,
  coverageDirectory: "coverage",
};
```

執行過測試之後，我們再執行`open coverage/lcov-report/index.html`※6-2，瀏覽器就會開啟，並顯示如下的畫面（圖6-1），可以看到「Stmts、Branch、Funcs、Lines」的覆蓋率總結（上方）、執行測試後的各個檔案覆蓋率（清單）。綠色表示測試得相當充足，黃色跟紅色則是表示測試得還不夠充分。

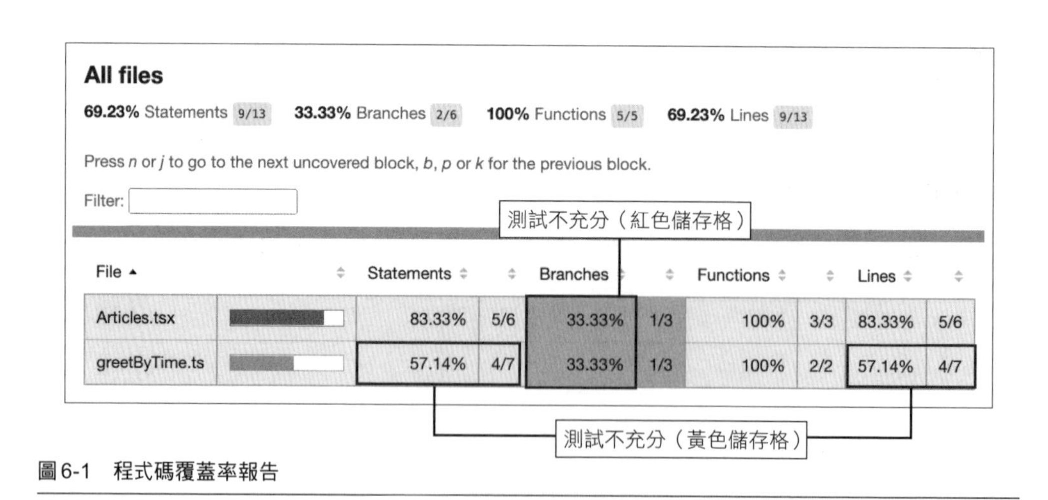

圖6-1　程式碼覆蓋率報告

※6-2　若您的作業系統為Windows，請將「open」指令改為「start」再執行。

● 函式的測試覆蓋率

在第4章第7節介紹過可以依據時間不同來回傳不同訊息的函式（List 6-2）。

▶ List 6-2　src/06/greetByTime.ts

```
TypeScript
export function greetByTime() {
  const hour = new Date().getHours();
  if (hour < 12) {
    return "早安";
  } else if (hour < 18) {
    return "午安";
  }
  return "晚安";
}
```

下面是針對這個函式寫的測試（List 6-3）。test前方加上x、變成了xtest時，就可以不執行（跳過）測試。當跳過①～③的測試時，覆蓋率報告會怎麼呈現呢？

▶ List 6-3　src/06/greetByTime.test.ts

```
TypeScript
import { greetByTime } from "./greetByTime";

describe("greetByTime(", () => {
  beforeEach(() => {
    jest.useFakeTimers();
  });
  afterEach(() => {
    jest.useRealTimers();
  });
  test("早晨回傳「早安」", () => {
    jest.setSystemTime(new Date(2023, 4, 24, 8, 0, 0));
    expect(greetByTime()).toBe("早安");
  });
  xtest("中午回傳「午安」", () => {
    jest.setSystemTime(new Date(2023, 4, 24, 14, 0, 0));
    expect(greetByTime()).toBe("午安");
  });
  xtest("晚上回傳「晚安」", () => {
    jest.setSystemTime(new Date(2023, 4, 24, 21, 0, 0));
    expect(greetByTime()).toBe("晚安");
  });
});
```

①驗證回傳「早安」
②驗證回傳「午安」
③驗證回傳「晚安」

下面就是跳過不同的測試時的結果對照表（表6-2）。顯示報告內容可以看到沒有被覆蓋的程式碼將會被塗成紅色。

表6-2　依據跳過測試的情況來呈現覆蓋率內容

結果	覆蓋率內容	報告內容

A：跳過①②③	• Stmts: 14.28
	• Branch: 0
	• Funcs: 0
	• Lines: 14.28
	• Uncovered Line: 2-8
		1 3x export function greetByTime() {
		2 const hour = new Date().getHours();
		3 if (hour < 12) {
		4 return "早安";
		5 } else if (hour < 18) {
		6 return "午安";
		7 }
		8 return "晚安";
		9 }
		10

B：跳過②③	• Stmts: 57.14
	• Branch: 33.33
	• Funcs: 100
	• Lines: 57.14
	• Uncovered Line: 5-8
		1 4x export function greetByTime() {
		2 1x const hour = new Date().getHours();
		3 1x if (hour < 12) {
		4 1x return "早安";
		5 } else if (hour < 18) {
		6 return "午安";
		7 }
		8 return "晚安";
		9 }
		10

C：跳過③	• Stmts: 85.71
	• Branch: 100
	• Funcs: 100
	• Lines: 85.71
	• Uncovered Line: 8
		1 5x export function greetByTime() {
		2 2x const hour = new Date().getHours();
		3 2x if (hour < 12) {
		4 1x return "早安";
		5 1x } else if (hour < 18) {
		6 1x return "午安";
		7 }
		8 return "晚安";
		9 }
		10

D：完全不跳過	• Stmts: 100
	• Branch: 100
	• Funcs: 100
	• Lines: 100
	• Uncovered Line: -
		1 6x export function greetByTime() {
		2 3x const hour = new Date().getHours();
		3 3x if (hour < 12) {
		4 1x return "早安";
		5 2x } else if (hour < 18) {
		6 1x return "午安";
		7 }
		8 1x return "晚安";
		9 }
		10

「結果A」的Funcs是0%，這意謂著目標檔案當中唯一的greetByTime函式完全沒被執行到。「結果B」的Branch是33%，分支覆蓋率欠佳。Uncovered Line表達的是測試並未驗證到第5～8行的程式碼。「結果C」的Stmts是85.71%，表示仍有Statement尚未被呼叫。「結果D」的行號旁邊有個「6x」，這數字用來表示程式碼在測試當中執行過的次數，可以看出這一行被驗證的次數明顯高過其他行。

在完成的程式內部逐行確認「這邊有沒有測試驗證過？」的情況。要提升覆蓋率的秘訣，就是寫測試時需要意識到「有沒有執行過呼叫？」跟「有沒有執行過分支判斷」這2點。借助覆蓋率報告的幫助，讓我們可以確實掌握程式內部結構、寫出符合邏輯的「白箱測試」。

● UI元件的測試覆蓋率

接著來看UI元件的測試覆蓋率（List 6-4）。由於JSX也是函式，因此Statement與分支判斷的覆蓋率都會被算出來。

▶ List 6-4　src/06/Articles.tsx

TypeScirpt

```
type Props = {
  items: { id: number; title: string }[];
  isLoading?: boolean;
};
export const Articles = ({ items, isLoading }: Props) => {
  if (isLoading) {
    return <p>...loading</p>;
  }
  return (
    <div>
      <h2>文章清單</h2>
      {items.length ? (
        <ul>
          {items.map((item) => (
            <li key={item.id}>
              <a href={`/articles/${item.id}`}>{item.title}</a>
            </li>
          ))}
        </ul>
      ) : (
        <p>無發佈文章</p>
      )}
    </div>
```

```
  );
};
```

嘗試來寫一個驗證顯示資料確實存在的測試（List 6-5）。

▶ List 6-5　src/06/Articles.test.tsx

TypeScirpt

```
import { render, screen } from "@testing-library/react";
import { Articles } from "./Articles";

test("有清單元素時，顯示清單", () => {
  const items = [
    { id: 1, title: "Testing Next.js" },
    { id: 2, title: "Storybook play function" },
    { id: 3, title: "Visual Regression Testing " },
  ];
  render(<Articles items={items} isLoading={false} />);
  expect(screen.getByRole("list")).toBeInTheDocument();
});
```

查看覆蓋率報告可以看出有哪些分支判斷的程式碼被特別註記強調（圖 6-2）。「載入中」跟「清單元素為空」時的測試看起來稍嫌不足。

```
1  4x  type Props = {
2        items: { id: number; title: string }[];
3        isLoading?: boolean;
4      };
5  1x  export const Articles = ({ items, isLoading }: Props) => {
6  1x    I if (isLoading) {
7          return <p>...loading</p>;
8        }
9  1x    return (
10         <div>
11           <h2>文章清單</h2>
12           {items.length ? (
13             <ul>
14               {items.map((item) => (
15 3x              <li key={item.id}>
16                   <a href={`/articles/${item.id}`}>{item.title}</a>
17                 </li>
18               ))}
19             </ul>
20           ) : (
21             <p>無發佈文章</p>
22           )}
23         </div>
24       );
25     };
26
```

圖 6-2　沒有執行過的程式碼

由於發現測試寫得還不夠，因此我們針對這兩者新增測試（List 6-6）。

▶ List 6-6　src/06/Articles.test.tsx

TypeScirpt
```
import { render, screen } from "@testing-library/react";
import { Articles } from "./Articles";

test("載入中時顯示「..loading」", () => {
  render(<Articles items={[]} isLoading={true} />);
  expect(screen.getByText("...loading")).toBeInTheDocument();
});

test("清單元素為空時顯示「無發佈文章」", () => {
  render(<Articles items={[]} isLoading={false} />);
  expect(screen.getByText("無發佈文章")).toBeInTheDocument();
});

test("有清單元素時，顯示清單", () => {
  const items = [
    { id: 1, title: "Testing Next.js" },
    { id: 2, title: "Storybook play function" },
    { id: 3, title: "Visual Regression Testing " },
  ];
  render(<Articles items={items} isLoading={false} />);
  expect(screen.getByRole("list")).toBeInTheDocument();
});
```

覆蓋率是量化後的指標，因此可以針對不同專案來衡量是否已達需要的品質標準，也能透過設定如「分支覆蓋率未達80%的話，則持續整合就不合格」等評量。不過需要特別留意，並不是覆蓋率越高就意謂著品質保證。這僅能用來作為判斷測試時被執行過的百分比有多少，並不能當作沒有錯誤的證據。

但是，當檔案的覆蓋率偏低時則可以證明測試不充分，這時就可以拿來作為是否得要增加測試的研究材料。此外，也能把覆蓋率報告拿來當作找出通過了ESLint的死程式碼的小幫手。如果您有著「在發佈軟體之前，想要充分地寫好測試」的想法的話，建議可以參照覆蓋率報告。

6-3 選擇喜歡的報表產生器

測試的執行結果可以用很多種報表格式呈現。新增喜歡的報表產生器到`jest.config`裡，讓測試環境更加豐富吧（List 6-7）！

▶ List 6-7　jest.config.ts

```javascript
export default {
  // 中略
  reporters: ["default"],
};
```

● jest-html-reporters

`jest-html-reporters`會以圖形來呈現測試結果（圖6-3）。對於需要調查、或者排序一些較花時間的測試來說相當方便。

圖6-3　jest-html-reporters的索引畫面

失敗的測試只需要按下「Info」按鈕，就可以確認細節（圖6-4）。

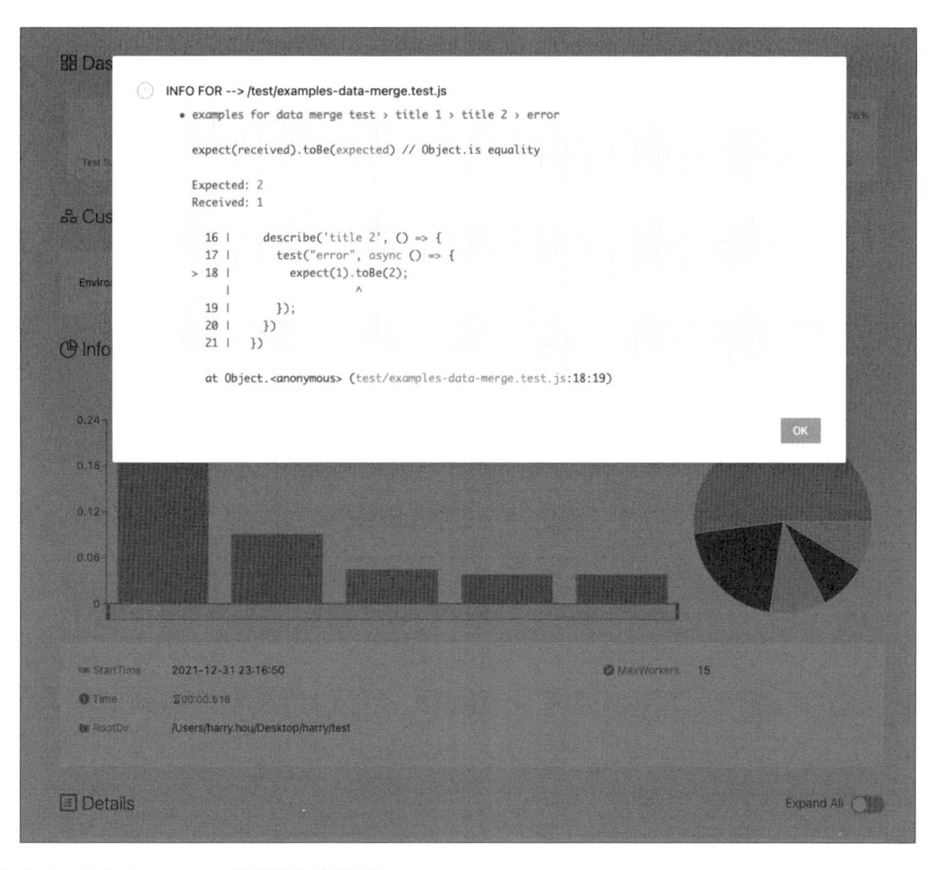

圖6-4　jest-html-reporters的詳細內容畫面

● 其他reporters

除了適合分析結果的`jest-html-reporters`之外，GitHub也有可以幫我們把測試失敗的位置加註意見的報表產生器※6-3。可以多多嘗試在討論平台所公開的報表產生器，建構符合自己團隊的測試環境吧！

※6-3　https://github.com/jest-community/awesome-jest/blob/main/README.md#reporters

第7章

Web應用程式整合測試

7-1 Next.js應用程式開發與整合測試

7-2 React Context整合測試

7-3 Next.js Router畫面顯示整合測試

7-4 Next.js Router系統操作整合測試

7-5 使用React Hook Form讓表單更好操作

7-6 表單驗證測試

7-7 模擬Web API回應的MSW（Mock Service Worker）

7-8 Web API整合測試

7-9 圖片上傳整合測試

7-1 Next.js應用程式開發與整合測試

這一章從頭到尾都會用來講解使用Next.js建立的Web應用程式。在進入正題之前，請先從下方的連結複製範本儲存庫的程式碼。裡面有Jest的單元／整合測試、Storybook、視覺回歸測試、E2E測試的程式碼範本，而提交的測試程式碼則相當接近真實情況。

URL https://github.com/frontend-testing-book/nextjs

雖是使用Next.js開發而來的應用程式，但整體的測試框架並不會因為前端框架不同而產生太大差異。此外，有些內容雖然是針對Next.js進行講解，但其實互動測試的寫法跟技巧都能應用在前端框架。因此就算對Next.js跟React感到陌生的人，也請安心閱讀本章內容。

● 應用程式簡介

這個應用程式是虛構的、沒有提供真實的服務，主要功能是「發佈技術文章／共享服務」(圖7-1)。使用者登入後就能發佈或編輯技術文章。本章會先講解這個應用程式的UI元件整合測試。至於應用程式的全貌為何、該如何啟動等，將會放在第10章與各位分享。倘若對那些內容較有興趣的話也可以跳到後面先看。

圖7-1　首頁

● 執行單元測試／整合測試

儲存庫複製完成後，就來執行該專案當中已提交的單元測試與整合測試吧！由於也導入了前一章所介紹的報表產生器，因此可以好好地研究一下這些測試程式碼的內容。

```bash
$ npm i
$ npm test
$ open __reports__/jest.html※7-1
```

※7-1　若您的作業系統為Windows，請將「open」指令改為「start」再執行。

7-2 React Context整合測試

接下來要講解可以橫跨多的頁面使用的Global UI整合測試的方法。

程式碼範本 src/components/providers/ToastProvider/index.test.tsx

● 測試目標簡介

這次要測試的事可以將應用程式的回應結果通知給使用者的`<Toast>`元件（圖7-2），它是從任何地方都能呼叫的Global UI。要處理UI主題跟Global UI，需要存取統一管理的值或更新函式，這僅靠Props要實現還是有些不太方便。

圖7-2　Toast元件

React內建API「Context API」就是用在這種時候。它不需要透過Props明確宣告要傳遞的值，可以直接存取從子元件到根元件所儲存的「值與更新函式」。

先來簡單介紹Context API。`<Toast>`元件所掌管的顯示狀態如下（List 7-1）。透過更新狀態來切換顯示／隱藏`<Toast>`，改寫訊息內容與外觀。

▶ List 7-1　src/components/providers/ToastProvider/ToastContext.tsx

TypeScirpt

```
export const initialState: ToastState = {
  isShown: false,      ← 用來判斷Toast有顯示的旗標
  message: "",         ← 顯示在Toast的文字
  style: "succeed",    ← Toast外觀
};
```

依據該狀態，使用createContextAPI建立Context物件（List 7-2）。除了維持狀態的ToastStateContext之外，也一起建立存放狀態更新函式的ToastActionContext。

▶ List 7-2　src/components/providers/ToastProvider/ToastContext.tsx

TypeScirpt

```
import { createContext } from "react";
export const ToastStateContext = createContext(initialState);
export const ToastActionContext = createContext(initialAction);
```

維持狀態的Context

存放狀態更新函式的Context

接著看看根元件<ToastProvider>（List 7-3）。可以看到附屬在Context物件上的Provider元件分別都已經完成渲染。如此一來子元件就能處理根元件的狀態與更新函式了。這裡的設計是當isShown為true時，畫面上就會顯示<Toast>元件，過了一段時間之後isShown會切換為false。

▶ List 7-3　src/components/providers/ToastProvider/index.tsx

TypeScirpt

```
export const ToastProvider = ({
  children,
  defaultState,
}: {
  children: ReactNode;
  defaultState?: Partial<ToastState>;
}) => {
  const { isShown, message, style, showToast, hideToast } =
    useToastProvider(defaultState);
  return (
    {/* 子元件可參照狀態 { isShown, message, style } */}
    <ToastStateContext.Provider value={{ isShown, message, style }}>
      {/* 子元件可參照更新函式{ showToast, hideToast } */}
      <ToastActionContext.Provider value={{ showToast, hideToast }}>
        {children}
        {/* 當isShown為true時，顯示 */}
        {isShown && <Toast message={message} style={style} />}
      </ToastActionContext.Provider>
    </ToastStateContext.Provider>
  );
};
```

預先做好可以給予初始值

傳遞defaultState，用來作為Provider的初始值

運用子元件的案例如下（List 7-4）。在onSubmit函式內呼叫Web API時，成功的話則會顯示「已儲存」、失敗時則會顯示「發生錯誤」。並且中間使用showToast函式來更新根元件所持有的狀態，指定message以及style。

▶ List 7-4　子元件的運用案例

TypeScript

```
const { showToast } = useToastAction();
const onSubmit = handleSubmit(async () => {
  try {
    // ...使用Web API傳送值
    showToast({ message: "已儲存", style: "succeed" });
  } catch (err) {
    showToast({ message: "發生錯誤", style: "failed" });
  }
});
```

這邊是將Global UI當作測試目標進行講解，測試觀點如下。

- 依據Provider的狀態來切換顯示
- 透過Provider所持有的更新函式來更新狀態

Context測試的寫法有兩種，讓我們逐一往下看。

● 方法1：準備測試專用元件、執行互動

如剛剛所示範，使用自訂勾點useToastAction時，就能從最末端的元件顯示<Toast>元件。於是我們要準備「測試專用元件」，盡可能呈現更接近真實的情況（List 7-5）。因為只需要以任何方式來執行showToast就可以，因此我們選擇顯示按下按鈕。

▶ List 7-5　src/components/providers/ToastProvider/index.test.tsx

TypeScript

```
const TestComponent = ({ message }: { message: string }) => {
  const { showToast } = useToastAction();
  return <button onClick={() => showToast({ message })}>show</button>;
};
```

用來顯示<Toast>的勾點

測試的渲染函式當中要渲染根元件<ToastProvider>跟它的子元件<TestComponent>（List 7-6）。經測試我們可以看到，當使用awaituser.click按下按鈕後，無法顯示的alert角色的元素（<Toast>元件）以夾帶訊息的方式順利顯示了。

▶ List 7-6　src/components/providers/ToastProvider/index.test.tsx

TypeScript

```
test("呼叫showToast後，顯示了Toast元件", async () => {
  const message = "test";
  render(
    <ToastProvider>
      <TestComponent message={message} />
    </ToastProvider>
  );
  expect(screen.queryByRole("alert")).not.toBeInTheDocument(); ← 一開始沒有顯示
  await user.click(screen.getByRole("button"));
  expect(screen.getByRole("alert")).toHaveTextContent(message); ← 後來確認已經順利顯示了
});
```

● 方法2：放入預設值、確認畫面顯示

<ToastProvider>會透過Props將預設值設定為defaultstate。倘若只是想要確認畫面顯示，只要給它defaultstate就能進行驗證（List 7-7）。

▶ List 7-7　src/components/providers/ToastProvider/index.test.tsx

TypeScript

```
test("Succeed", () => {
  const state: ToastState = {
    isShown: true,
    message: "已成功",
    style: "succeed",
  };
  render(<ToastProvider defaultState={state}>{null}</ToastProvider>);
  expect(screen.getByRole("alert")).toHaveTextContent(state.message);
});

test("Failed", () => {
  const state: ToastState = {
    isShown: true,
    message: "失敗了",
```

```
    style: "failed",
  };
  render(<ToastProvider defaultState={state}>{null}</ToastProvider>);
  expect(screen.getByRole("alert")).toHaveTextContent(state.message);
});
```

剛才介紹的Global UI主要由4的模組所構成。以下是它們各自的職掌。

- <Toast>元件：提供View
- <ToastProvider>元件：維持為了顯示畫面的狀態
- useToastProvider勾點：管理畫面顯示邏輯
- useToastAction勾點：從子元件進行呼叫

當這些模組的連動正確時，Toast就能做到顯示「"已成功"」的功能。整合測試的觀點就是模組之間能否順利「連動」。「方法1」的測試也因為包含了自訂勾點（useToastAction），所以可以執行更大範圍的整合測試。

7-3 Next.js Router的畫面顯示整合測試

本節將要講解Next.js的路由器（掌管畫面切換與URL的功能）以及其相關連的UI元件整合測試。

程式碼範本 src/components/layouts/BasicLayout/Header/Nav/index.tsx

● 測試目標簡介

這次要測的UI元件是「導航標頭」（圖7-3）。這個UI元件跟一般的網站相同，會依據網頁的URL改變選單中顯示的現在位置。當符合下列條件時，選單下方就會出現橘色線條（List 7-8）。

- My Posts：已登入的使用者可看見的文章清單、文章內容
- Create Post：建立新文章的畫面

圖7-3　Nav元件

▶ List 7-8　src/components/layouts/BasicLayout/Header/Nav/index.tsx

TypeScirpt

```
export const Nav = ({ onCloseMenu }: Props) => {
  const { pathname } = useRouter();
  return (
    <nav aria-label="導覽" className={styles.nav}>
      <button
        aria-label="關閉選單"
        className={styles.closeMenu}
        onClick={onCloseMenu}
      ></button>
      <ul className={styles.list}>
        <li>
          <Link href={`/my/posts`} legacyBehavior>
            <a
              {...isCurrent(
                pathname.startsWith("/my/posts") &&
                  pathname !== "/my/posts/create"
              )}
            >
              My Posts
            </a>
          </Link>
        </li>
        <li>
          <Link href={`/my/posts/create`} legacyBehavior>
            <a {...isCurrent(pathname === "/my/posts/create")}>Create Post</a>
          </Link>
        </li>
      </ul>
    </nav>
  );
};
```

<Link>元件跟useRouter勾點的內部都有使用到路由器，用來參照當前顯示的URL內容、或是觸發畫面切換的事件。

● UI元件的設計

這個UI元件的設計當中，<Link>元件會如下輸出標記。可以看到使用了aria-current屬性的樣式。

HTML
```html
<a aria-current="page">Create Post</a>
```

CSS
```css
.list a[aria-current="page"] {
  border-color: var(--orange);
}
```

輸出這個標記時用到的是isCurrent函式，當判斷為需要執行當前頁面點綴時，就會輸出aria-current="Page"。

TypeScirpt
```tsx
<Link href={`/my/posts/create`} legacyBehavior>
  <a {...isCurrent(pathname === "/my/posts/create")}>Create Post</a>
</Link>
```

藉由使用Next.js的useRouter勾點，就能以單一UI元件為單位來存取Next.js路由器功能。參照了const { pathname } = useRouter()的pathname就代表目前的URL。

● 安裝next-router-mock

在寫Next.js路由器相關測試時需要模擬。討論平台上所開發的next-router-mock※7-2就是在Jest裡執行Next.js路由器測試時會用的模擬函式庫。無論是透過<Link>元件使路由器產生變化、或是運用useRouter來參照、變更URL的整合測試都能在jsdom上實現。

※7-2 https://www.npmjs.com/package/next-router-mock

bash

```
$ npm install --save-dev next-router-mock
```

● 路由器與UI元件的整合測試

那麼就來用next-router-mock寫測試吧（List 7-9）！執行mockRouter.setCurrentUrl，重現測試目標當前的URL。

▶ List 7-9 src/components/layouts/BasicLayout/Header/Nav/index.test.tsx

TypeScript

```
test("「My Posts」的狀態為current", () => {
  mockRouter.setCurrentUrl("/my/posts"); ← 這邊暫定當前的URL為"/my/posts"
});
```

在這狀態下渲染測試目標<nav>元件（List 7-10）。在重現URL的測試中驗證是否順利顯示了當前位置的狀態（是否有指定aria-current屬性）。

▶ List 7-10 src/components/layouts/BasicLayout/Header/Nav/index.test.tsx

TypeScript

```
import mockRouter from "next-router-mock";

test("「My Posts」的狀態為current", () => {
  mockRouter.setCurrentUrl("/my/posts");
  render(<Nav onCloseMenu={() => {}} />);
  const link = screen.getByRole("link", { name: "My Posts" });
  expect(link).toHaveAttribute("aria-current", "page"); ← 有指定了aria-current屬性的斷言
});

test("「Create Post」的狀態為current", () => {
  mockRouter.setCurrentUrl("/my/posts/create");
  render(<Nav onCloseMenu={() => {}} />);
  const link = screen.getByRole("link", { name: "Create Post" });
  expect(link).toHaveAttribute("aria-current", "page"); ← 有指定了aria-current屬性的斷言
});
```

● 運用test.each

當想要在只變更參數的情況下去重複執行同一個測試時，test.each相當方便。可以在test.each引數放入陣列，並如下方的範例來編寫（List 7-11）。

▶ List 7-11　src/components/layouts/BasicLayout/Header/Nav/index.test.tsx

TypeScirpt

```
test.each([
  { url: "/my/posts", name: "My Posts" },
  { url: "/my/posts/123", name: "My Posts" },
  { url: "/my/posts/create", name: "Create Post" },
])("在$url當中，$name的狀態為current", ({ url, name }) => {
  mockRouter.setCurrentUrl(url);
  render(<Nav onCloseMenu={() => {}} />);
  const link = screen.getByRole("link", { name });
  expect(link).toHaveAttribute("aria-current", "page");
});
```

使用模擬函式庫就能寫出跟Next.js路由器的相關正和測試了。對了，Next.js 13裡面新增的app目錄，路由器架構有蠻大幅度的變動。

本節的路由器測試以及程式碼範本是將Next.js 12之前的Pages目錄當作對象進行教學。進入到Next.js 13之後，雖然應該與原本的Pages目錄有相容，但可能也會有些情況不建議使用。倘若要使用新的app目錄來寫路由器測試，不妨參閱經常性都有在更新的程式碼範本儲存庫canary branch。

7-4 Next.js Router系統操作整合測試

接續前面的教學，本節繼續講解Next.js Router與UI元件的整合測試。接下來的重點是賦予「操作」並驗證該操作帶來的影響。

程式碼範本　src/components/templates/MyPosts/Posts/Header/index.tsx

● 測試目標簡介

這邊要測的UI元件是「文章清單的標頭」(圖7-4)。使用者登入之後，可以看到有文章狀態分為「草稿」跟「公開」。文章清單的畫面預設為顯示所有文章，而這個清單也會配合URL參數來改變顯示內容。

- 無URL參數：顯示所有文章
- ?status=all：顯示所有文章
- ?status=public：僅顯示「公開」的文章
- ?status=private：僅顯示「草稿」文章

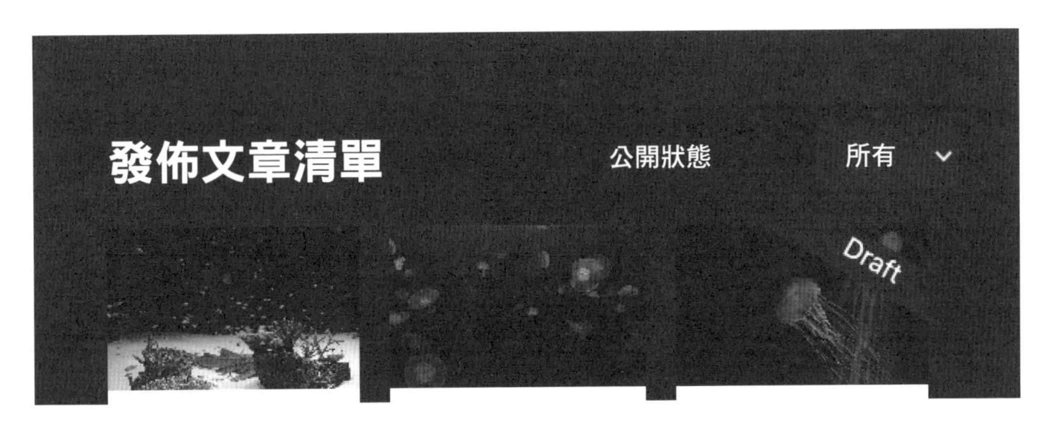

圖7-4　Header元件

操作組合方塊來控制Next.js Router、改寫URL參數，就是這個UI元件的職責所在。立刻來看看是怎麼一回事吧（List 7-12）。首先將預先準備好的options陣列放入組合方塊元素清單的內容（①）。隨著組合方塊的選擇不同，URL參數也會跟著改變（②）。由於此時可能會直接存取參數當中的URL，因此必需要選擇與URL參數一致的值。③則是指定選擇預設值。

▶ List 7-12　src/components/templates/MyPosts/Posts/Header/index.tsx

TypeScript

```
const options = [
  { value: "all", label: "所有" },
  { value: "public", label: "公開" },
  { value: "private", label: "草稿" },
];
export const Header = () => {
  const { query, push } = useRouter();
  const defaultValue = parseAsNonEmptyString(query.status) || "all";
  return (
    <header className={styles.header}>
      <h2 className={styles.heading}>公開文章清單</h2>
      <SelectFilterOption
        title="公開狀態"
        options={options}          ← ①選擇框元素清單的內容
        selectProps={{
          defaultValue,            ← ③預設選項的值
          onChange: (event) => {
            const status = event.target.value;
            push({ query: { ...query, status } });   ← ②改寫為被選擇的元素的value
          },
        }}
      />
    </header>
  );
};
```

● 測試初始顯示

這邊要來介紹給各位的事UI元件整合測試的便利小技巧：setup函式。這次測試跟路由器有關，在驗證URL時，會跟先前一樣用到`next-router-mock`。而由於「重現URL、渲染、鎖定元素」的處理在所有測試裡都需要。所以我們如下使用setup函式來將其彙整為一個函式，之後再準備許多測試時就能簡單地執行了（List 7-13）。

▶ List 7-13　src/components/templates/MyPosts/Posts/Header/index.test.tsx

```
TypeScirpt
import { render, screen } from "@testing-library/react";
import mockRouter from "next-router-mock";

function setup(url = "/my/posts?page=1") {
  mockRouter.setCurrentUrl(url);
  render(<Header />);
  const combobox = screen.getByRole("combobox", { name: "公開狀態" });
  return { combobox };
}
```

建立好setup函式後，就可以像下面的方式來寫測試了（List 7-14）。可以看到在有放入URL參數 `/my/posts?status=public`的情況下，選擇框的初始值也有順利完成設定。

▶ List 7-14　src/components/templates/MyPosts/Posts/Header/index.test.tsx

```
TypeScirpt
test("預設為「全部」", async () => {
  const { combobox } = setup();
  expect(combobox).toHaveDisplayValue("所有");
});

test("存取了status?=public時則改為「公開」", async () => {
  const { combobox } = setup("/my/posts?status=public");
  expect(combobox).toHaveDisplayValue("公開");
});

test("存取了staus?=private時則改為「草稿」", async () => {
  const { combobox } = setup("/my/posts?status=private");
  expect(combobox).toHaveDisplayValue("草稿");
});
```

● 互動測試

再來，為了測試互動，我們把互動函式`selectOption`加進剛才的setup函式裡（List 7-15）。透過`user.selectOptions`從選擇框（`combobox`）挑選想要的選項。

▶ List 7-15　src/components/templates/MyPosts/Posts/Header/index.test.tsx

```typescript
import { render, screen } from "@testing-library/react";
import userEvent from "@testing-library/user-event";
import mockRouter from "next-router-mock";

const user = userEvent.setup();

function setup(url = "/my/posts?page=1") {
  mockRouter.setCurrentUrl(url);
  render(<Header />);
  const combobox = screen.getByRole("combobox", { name: "公開狀態" });
  async function selectOption(label: string) {   // ← 從選擇框中選出元素的互動
    await user.selectOptions(combobox, label);
  }
  return { combobox, selectOption };
}
```

於是我們就借助這個互動函式完成了測試程式碼，是不是相當直覺地就能從 selectOption("公開") 或 selectOption("草稿") 等地方看出UI元件的操作呢（List 7-16）。

▶ List 7-16　src/components/templates/MyPosts/Posts/Header/index.test.tsx

```typescript
test("變更公開狀態後，status會改變", async () => {
  const { selectOption } = setup();
  expect(mockRouter).toMatchObject({ query: { page: "1" } });
  await selectOption("公開");   // ← 選擇「公開」就變成 ?status=public
  expect(mockRouter).toMatchObject({
    query: { page: "1", status: "public" },   // ← 也可以一併驗證原本的 Page=1還沒消失
  });
  await selectOption("草稿");   // ← 選擇「草稿」就變成 ?status=private
  expect(mockRouter).toMatchObject({
    query: { page: "1", status: "private" },
  });
});
```

這個測試可以一併驗證在沒有丟失顯示頁數的 ?page 這個 URL 參數的情況下、?status 是否順利改變了。

以上就是有關操作UI元件時牽動URL參數變化的整合測試。如果想要測試「URL參數的變化是否會對文章清單產生影響」也無妨，重點在於寫出類似前面教學那樣的小範圍測試，如此一來無論是UI元件的職掌、還是附上的測試程式碼，目的性都會相當明確。

使用setup函式的技巧，其實是拾人牙慧，出自於Testing Library作者Kent C. Dodds的巧思。UI元件測試不只有很多相似的情境可以事先準備，也還有不少雷同的互動流程可以通用。寫測試時除了「事前準備、渲染」之外，若能再以函式的方式將操作環節變得抽象化，相信測試程式碼最後的完成度會相當高。

- Avoid Nesting when you're Testing

  URL https://kentcdodds.com/blog/avoid-nesting-when-youre-testing#apply-aha-avoid-hasty-abstractions

7-5 使用React Hook Form讓表單更好操作

開發Web應用程式一定會遇到表單。雖說React已經有許多開源軟體可以幫我們更方便地完成表單，但這裡要跟各位介紹的是React Hook Form，本章的程式碼範本當中也都有用到。為了那些對React Hook Form不熟的讀者們，本節就稍微跳脫測試的內容，來簡單分享什麼是React Hook Form吧。

傳送表單時會需要抓取儲存的輸入內容。在開發時必須得要先決定好「在哪裡去抓取已儲存的輸入內容」。React有「受控元件」跟「非受控元件」可以來抓取輸入內容，這與其說是表單的建立方式、不如說是如何建立`<input>`元素等輸入元素的方法。先來看看什麼是「受控元件」與「非受控元件」吧。

● 受控元件

「受控元件」是用useState、以元件為單位的方式進行狀態管理。使用了受控元件的表單，會將狀態受到管理的值在必要的時機點傳送給Web API。

下面是搜尋方塊的案例（List 7-17）。先在①儲存輸入元素的值。預設為放入空字串，這個值會套用在②。而③的onChange事件處理器函式內之所以在執行setValue，是由於<input>元素把onChange事件處理器收到的內容更新到①的value的緣故。藉由重複將執行將①輸入的內容更新成②的內容，<input>元素就能將輸入內容反映到互動上。

▶ List 7-17　搜尋方塊的案例

TypeScirpt

```
const [value, setValue] = useState("");  ← ①儲存輸入到元素內的值
return (
  <input
    type="search"
    value={value}  ← ②反應已儲存的值
    onChange={(event) => {
      setValue(event.currentTarget.value);  ← ③改寫已儲存的值
    }}
  />
);
```

由於①裡放的都會是最新的輸入內容，運用<form>元素的onSubmit事件處理器來抓取被輸入的最新內容。這就是用受控元件來製作表單的基本流程。

● 非受控元件

非受控元件是當<input>元素這類的輸入元素把「瀏覽器原生功能所儲存的值」傳送到表單時執行抓取的元件。由於是在送出時才抓取，所以不需要像受控元件那樣用useState來管理值。送出時會經由ref去抓取DOM的值。

TypeScirpt

```
const ref = useRef<HTMLInputElement>(null);  ← 透過ref去抓取
return <input type="search" name="search" defaultValue="" ref={ref} />;
```

所以說在非受控元件當中不必指定value與onChange。至於useState執行時的初始值則會透過defaultValue這個Props來設定。

● React Hook Form與非受控元件

「React Hook Form」函式庫由於採用了「非受控元件」，因此它可以快速地建立效能好的表單。抓取輸入元素的ref跟事件處理器都是自動產生，並進行設定。使用時只需要在開發的Form元件內使用useForm這個React Hook Form的勾點即可。基本用法是會在回傳值裡使用register函式與handleSubmit函式。

TypeScript

```
const { register, handleSubmit } = useForm({
  defaultValues: { search: q },
});
```

只要使用register函式，就完成了抓取／送出的準備。以作為傳送目標的輸入元素進行「註冊」的意思。

TypeScript

```
<input type="search" {...register("search")} />
```

由於要抓取輸入元素的值需要先註冊過，因此使用register函式註冊好的輸入元素就必須渲染為<form>元素的子元素。並對onSubmit事件處理器使用handleSubmit函式，準備送出。送出之後就會將註冊過的<input>元素放入引數values，拿來當作Web API的傳送值進行運用。

TypeScript

```
<form
  onSubmit={handleSubmit((values) => {
    // 在此取得輸入值
  })}
>
```

以上就是使用React Hook From最簡要的講解。`src/components/atoms`所包含的輸入元素當中之所以用了`forwardRef`這個API，就是因為是以作為非受控元件使用為前提所致。對了，React Hook From其實也能做出受控元件，不過更詳細的使用方法就再請有興趣的讀者自行參照官方文件了※7-3。

7-6 表單驗證測試

再來我們要學的是如何執行UI元件的表單驗證測試。

程式碼範本 `src/components/templates/MyPostsCreate/PostForm/index.tsx`

● 測試目標簡介

要測的UI元件是「發佈新文章的表單」(圖7-5、List 7-18)。這是用來發佈編寫完成文章的表單，再送出之前需要執行驗證。該表單有用到剛剛講解的React Hook Form。而測試想要確認的，就是「配合輸入內容執行了什麼樣的驗證？」。

React Hook Form有著所謂的Resolver架構，可以賦予驗證模式（validation schema）①用來驗證輸入內容的物件。在初始設定當中，送出表單時會執行驗證，當驗證模式當中出現了不適當的內容時，就會依各個輸入元素來自動將錯誤訊息②放入到`errors`內。

※7-3 https://react-hook-form.com/

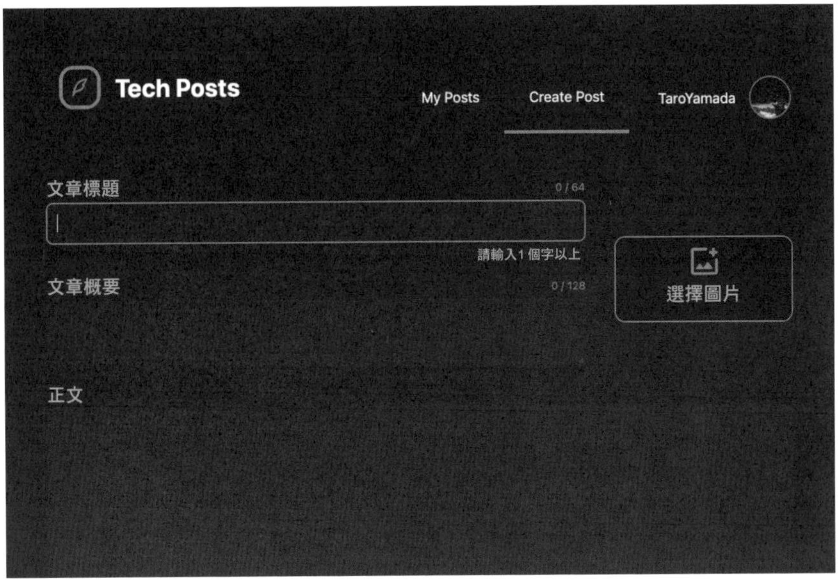

圖7-5　Postform元件

▶ List 7-18　src/components/templates/MyPostsCreate/PostForm/index.tsx

TypeScirpt

```
export const PostForm = (props: Props) => {
  const {
    register,
    setValue,
    handleSubmit,
    control,
    formState: { errors, isSubmitting },  ← 可抓取表單狀態
  } = useForm<PostInput>({
    resolver: zodResolver(createMyPostInputSchema),  ← ①輸入內容的驗證模式
  });
  return (
    <form
      aria-label={props.title}
      className={styles.module}
      onSubmit={handleSubmit(props.onValid, props.onInvalid)}  ← 設計的重點
    >
      <div className={styles.content}>
        <div className={styles.meta}>
          <PostFormInfo register={register} control={control} errors=➡
{errors} />
```

```
        <PostFormHeroImage
          register={register}
          setValue={setValue}
          name="imageUrl"
          error={errors.imageUrl?.message}   ← ②如果有驗證後的錯誤訊息，就顯示出來
        />
      </div>
      <TextareaWithInfo
        {...register("body")}
        title="本文"
        rows={20}
        error={errors.body?.message}   ← ②如果有驗證後的錯誤訊息，就顯示出來
      />
    </div>
    <PostFormFooter
      isSubmitting={isSubmitting}
      register={register}
      control={control}
      onClickSave={props.onClickSave}
    />
    {props.children}
  </form>
 );
};
```

這個表單所使用的驗證模式如下，可以看到文章標題與公開狀態是必須輸入的項目（List 7-19）。當文章標題空白時就會出現「請輸入1個字以上」的錯誤訊息。

▶ List 7-19　src/lib/schema/MyPosts.ts

TypeScirpt

```
import * as z from "zod";

export const createMyPostInputSchema = z.object({
  title: z.string().min(1, "請輸入1個字以上"),   ← 必須
  description: z.string().nullable(),
  body: z.string().nullable(),
  published: z.boolean(),   ← 必須
  imageUrl: z
    .string({ required_error: "選擇圖片" })
    .nullable(),
});
```

● 設計重點

React Hook Form的handleSubmit函式的引數並不一定要以inline的方式來寫，也可以像下面這樣指定為從Props收到的事件處理器。而第二引數props.onInvalid則是用來指定驗證錯誤時的事件處理器。

TypeScript

```
<form
  aria-label={props.title}
  className={styles.module}
  onSubmit={handleSubmit(props.onValid, props.onInvalid)}
>
```

所以Props的型別定義就會像下面這樣（List 7-20）。通過驗證的表單內容要怎麼被處理，還須仰賴母元件。

▶ List 7-20 src/components/templates/MyPostsCreate/PostForm/index.tsx

TypeScript

```
type Props<T extends FieldValues = PostInput> = {
  title: string;
  children?: React.ReactNode;
  onClickSave: (isPublish: boolean) => void;   ← 按下了儲存按鈕後再執行
  onValid: SubmitHandler<T>;                    ← 嘗試過傳送了適當的內容時則執行
  onInvalid?: SubmitErrorHandler<T>;            ← 嘗試過傳送的不適當的內容時則執行
};
```

以下是這個UI元件的任務：

- 提供輸入表單
- 驗證（validation）所輸入的內容
- 如果有驗證錯誤就顯示錯誤訊息
- 嘗試過傳送了適當的內容時，執行onValid事件處理器
- 嘗試過傳送了不適當的內容時，執行onInvalid事件處理器

● 準備互動測試

為了讓測試可以更好寫，一樣要來準備setup函式（List 7-21）。由於需要驗證是否呼叫了Props事件處理器，所以也要事先準備好模擬函式（Spy）。

▶ List 7-21　src/components/templates/MyPostsCreate/PostForm/index.test.tsx

TypeScirpt

```
export function setup() {
  const onClickSave = jest.fn();   ← 準備給斷言使用的模擬函式（Spy）
  const onValid = jest.fn();
  const onInvalid = jest.fn();
  render(                          ┐
    <PostForm                      │
      title="新文章"                │
      onClickSave={onClickSave}    ├ 渲染元件
      onValid={onValid}            │
      onInvalid={onInvalid}        │
    />                             │
  );                               ┘
  async function typeTitle(title: string) {   ┐
    const textbox = screen.getByRole("textbox", ➡
{ name: "文章標題" });                           ├ 輸入文章標題的互動函式
    await user.type(textbox, title);           │
  }                                            ┘
  async function saveAsPublished() {           ┐
    await user.click(screen.getByRole("switch", ➡
{ name: "公開狀態" }));                          ├ 發佈文章的互動函式
    await user.click(screen.getByRole("button", ➡
{ name: "發佈文章" }));                          │
  }                                            ┘
  async function saveAsDraft() {               ┐
    await user.click(screen.getByRole("button", ➡
{ name: "儲存草稿" }));                          ├ 儲存草稿的互動函式
  }                                            ┘
  return {
    typeTitle,
    saveAsDraft,
    saveAsPublished,
    onClickSave,
    onValid,
    onInvalid,
  };
}
```

● 測試執行 onInvalid

那就正式進入寫測試的環節囉（來 List 7-22）。執行 setup 函式後，就直接按下儲存按鈕。由於標題還是空白，所以可以看到這時會顯示「請輸入1個字以上」的驗證錯誤訊息出現。waitFor 是用來重試（retry）的非同步函式，因為要顯示驗證錯誤訊息需要花點時間，因此透過 waitFor 在一定時間之內持續重新嘗試斷言。

▶ List 7-22　src/components/templates/MyPostsCreate/PostForm/index.test.tsx

TypeScirpt

```
import { screen, waitFor } from "@testing-library/react";

test("嘗試將不適當的內容儲存為草稿，顯示為驗證錯誤", async () => {
  const { saveAsDraft } = setup();
  await saveAsDraft();
  await waitFor(() =>
    expect(
      screen.getByRole("textbox", { name: "文章標題" })
    ).toHaveErrorMessage("請輸入1個字以上")
  );
});
```

檢查用 setup 函式所準備的 Spy，驗證是否執行了事件處理器（List 7-23）。可以看到 onVaild 沒被執行，而是執行了 onInvalid。

▶ List 7-23　src/components/templates/MyPostsCreate/PostForm/index.test.tsx

TypeScirpt

```
test("嘗試將不適當的內容儲存為草稿、執行了onInvalid事件處理器",
async () => {
  const { saveAsDraft, onClickSave, onValid, onInvalid } = setup();
  await saveAsDraft(); ◀── 儲存為草稿
  expect(onClickSave).toHaveBeenCalled();
  expect(onValid).not.toHaveBeenCalled();
  expect(onInvalid).toHaveBeenCalled();
});
```

● 測試執行 onValid

我們在文章標題的地方輸入「我的技術文件」字串後按下儲存（List 7-24）。檢查 Spy 可以看到這次是 onVaild 有執行、沒有執行 onInvalid。互動函式

selectImageFile是用來選擇發佈文章時需要的圖片，稍後在第7章第9節會另外講解。

▶ List 7-24　src/components/templates/MyPostsCreate/PostForm/index.test.tsx

TypeScirpt

```
test("嘗試對適當內容進行「儲存草稿」、執行了onValid事件處理器", async ()
=> {
  mockUploadImage();
  const { typeTitle, saveAsDraft, onClickSave, onValid, onInvalid } =
setup();
  const { selectImage } = selectImageFile();
  await typeTitle("我的技術文件"); ← 輸入標題
  await selectImage(); ← 選擇圖片
  await saveAsDraft(); ← 儲存為草稿
  expect(onClickSave).toHaveBeenCalled();
  expect(onValid).toHaveBeenCalled();
  expect(onInvalid).not.toHaveBeenCalled();
});
```

可以看到這邊的setup函式回傳值當中包含了用來驗證事件回呼的Spy。我們可以依據測試的需求，來盡可能地靈活運用setup函式。

以上就是將「UI元件／React Hook Form／驗證模式」互相連動的整合測試。通過驗證之後的處理則會在第7章第8節接著講解。

● 小訣竅：基於無障礙性的比對器

要來介紹顯示驗證錯誤的<TextboxWithInfo>元件（List 7-25）。當中的<Textbox>元件的狀態會透過ARIA屬性來進行補足。aria-invalid與aria-errormessage是用來通知輸入內容有誤時的屬性。當Props的error不是underfined時，就會判斷為錯誤狀態。

▶ List 7-25　src/components/molecules/TextboxWithInfo/index.tsx

TypeScirpt

```
import { DescriptionMessage } from "@/components/atoms/➡
DescriptionMessage";
import { ErrorMessage } from "@/components/atoms/ErrorMessage";
import { Textbox } from "@/components/atoms/Textbox";
import clsx from "clsx";
import { ComponentProps, forwardRef, ReactNode, useId } from "react";
```

```
import styles from "./styles.module.css";

type Props = ComponentProps<typeof Textbox> & {
  title: string;
  info?: ReactNode;
  description?: string;
  error?: string;
};

export const TextboxWithInfo = forwardRef<HTMLInputElement, Props>(
  function TextboxWithInfo(
    { title, info, description, error, className, ...props },
    ref
  ) {
    const componentId = useId();
    const textboxId = `${componentId}-textbox`;
    const descriptionId = `${componentId}-description`;
    const errorMessageId = `${componentId}-errorMessage`;
    return (
      <section className={clsx(styles.module, className)}>
        <header className={styles.header}>
          <label className={styles.label} htmlFor={textboxId}>
            {title}
          </label>
          {info}
        </header>
        <Textbox
          {...props}
          ref={ref}
          id={textboxId}
          aria-invalid={!!error}
          aria-errormessage={errorMessageId}
          aria-describedby={descriptionId}
        />
        {(error || description) && (
          <footer className={styles.footer}>
            {description && (
              <DescriptionMessage id={descriptionId}>
                {description}
              </DescriptionMessage>
            )}
            {error && (
              <ErrorMessage id={errorMessageId} className={styles.error}>
                {error}
```

```
            </ErrorMessage>
          )}
        </footer>
      )}
    </section>
  );
}
);
```

驗證是否具備充分的無障礙性的比對器則是在@testing-library/jest-dom裡面。透過驗證這種小型通用UI的無障礙性，對於提升整體專案產品的無障礙性是很有幫助的（List 7-26）。

▶ List 7-26　src/components/molecules/TextboxWithInfo/index.test.tsx

TypeScirpt

```
test("TextboxWithInfo", async () => {
  const args = {
    title: "文章標題",
    info: "0 / 64",
    description: "請輸入64個字以內的半形英文與數字",
    error: "包含了不正確的文字",
  };
  render(<TextboxWithInfo {...args} />);
  const textbox = screen.getByRole("textbox");
  expect(textbox).toHaveAccessibleName(args.title); ← 使用label的htmlFor進行串聯
  expect(textbox).toHaveAccessibleDescription(args.description); ← 使用aria-describedby進行串聯
  expect(textbox).toHaveErrorMessage(args.error); ← 使用aria-errormessage進行串聯
});
```

7-7 模擬Web API回應的MSW（Mock Service Worker）

Web應用程式不能沒有Web API。到目前為止跟Web API相關的測試我們都是使用Jest的模擬函式，不過本章當中有關Web API的模擬則是改用了開源模擬框架的函式庫MSW。本節就再次容許筆者偏題，跟各位分享什麼是MSW吧。

● 以MSW實現網路層的模擬

MSW是用實現網路層的模擬的函式庫。用了MSW後，可以截取特定的Web API請求，並將其回應改寫為想要的值。如此一來，不必啟動Web API伺服器就能重現回應，所以也能用來當作整合測試時的模擬伺服器使用。

要截取Web API請求時需要準備「請求處理器」的函式。下面使用`rest.post`所建立的就是請求處理器（List 7-27）。

▶ List 7-27　MSW的請求處理器

TypeScript

```
import { setupWorker, rest } from "msw";
const worker = setupWorker(
  rest.post("/login", async (req, res, ctx) => {
    const { username } = await req.json(); ◀── 取得body的值
    return res(
      ctx.json({
        username,
        firstName: "John",
      })
    );
  })
);
worker.start();
```

這樣寫可以截取到對localhost的`"/login"`所發出的POST請求。對`"/login"`發出的POST請求會抓取body內的`username`，來回傳`{ username, firstName: "John" }`的json回應。

用MSW的好處，不僅讓我們能以測試為單位來切換回應，還可以仔細驗證被觸發的請求的headers跟query的細節。此外，由於能截取瀏覽器所觸發的請求、也能截取在伺服器端觸發的請求，因此前端測試當中就算包含了前端模式的後端（Backend For Frontend，BFF）也一樣可以應用自如。

● 準備用在Jest裡

先用"msw/node"提供的setupServer函式，準備好要用在Jest測試的setup函式（List 7-28）。將請求處理器作為可變參數函式放入setupServer函式，就能啟用截取。由於每次測試時都會需要將伺服器初始化，所以不同的測試之間彼此去執行的截取並不會互相干涉影響。透過預先準備好setupMockServer這樣的函式來作為setup函式，會相當方便。

▶ List 7-28　src/tests/jest.ts

TypeScript
```
import type { RequestHandler } from "msw";
import { setupServer } from "msw/node";

export function setupMockServer(...handlers: RequestHandler[]) {
  const server = setupServer(...handlers);
  beforeAll(() => server.listen());
  afterEach(() => server.resetHandlers());
  afterAll(() => server.close());
  return server;
}
```

為了要在每個測試檔案裡設定MSW，需要依據測試需求如下設定好處理器函式的傳遞。在程式碼範本當中也有好幾個整合測試可以確認到有這樣的內容。

TypeScript
```
import * as MyPosts from "@/services/client/MyPosts/__mock__/msw";
setupMockServer(...MyPosts.handlers);
```

● Fetch API的polyfill

在撰寫這本書（2023年3月）時，jsdom測試環境當中還沒有提供Fetch API※7-4。因此當測試目標當中包含了使用Fetch API的程式碼時，就會導致測試失敗。

※7-4　https://github.com/jsdom/jsdom/issues/1724

Jest內建的模擬機制去模擬Web API客戶端時因為還不會呼叫到Fetch API，不至於造成問題，不過用了MSW來模擬網路層的話就會直接面臨令人傷腦筋的情況了。

我們可以為測試環境安裝Fetch API的polyfill「`whatwg-fetch`」，並且在setup檔案預先`import`好，以套用到所有的測試（List 7-29）

▶ List 7-29　jest.setup.ts

```typescript
import "whatwg-fetch";
```

7-8 Web API整合測試

再來要跟各位分享的UI元件測試，稍微包含了較為複雜的互動分支判斷在內。

程式碼範本 `src/components/templates/MyPostsCreate/index.tsx`

● 測試目標簡介

測試目標是「發佈新文章的表單」，也就是第7章第6節提到過的、通過驗證之後要執行後續處理的母元件（圖7-6、List 7-30）。

我們可以將已經寫好完成的文章狀態設定為「草稿／公開」並儲存。當選擇「草稿」時，就會立刻儲存，不過此時僅有已登入的使用者本人可以查看；而選擇「公開」時，就能讓所有人都看見文章。於是我們就需要在公開之前先顯示確認對話框（AlertDialog），避免不小心公開文章的窘境。以下統整我們需要的處理。

- 儲存草稿後，切換到顯示已儲存的草稿的頁面
- 嘗試將文章公開，顯示AlertDialog
- 點選AlertDialog的「否」時，關閉對話框
- 點選AlertDialog的「是」時，以公開狀態儲存文章

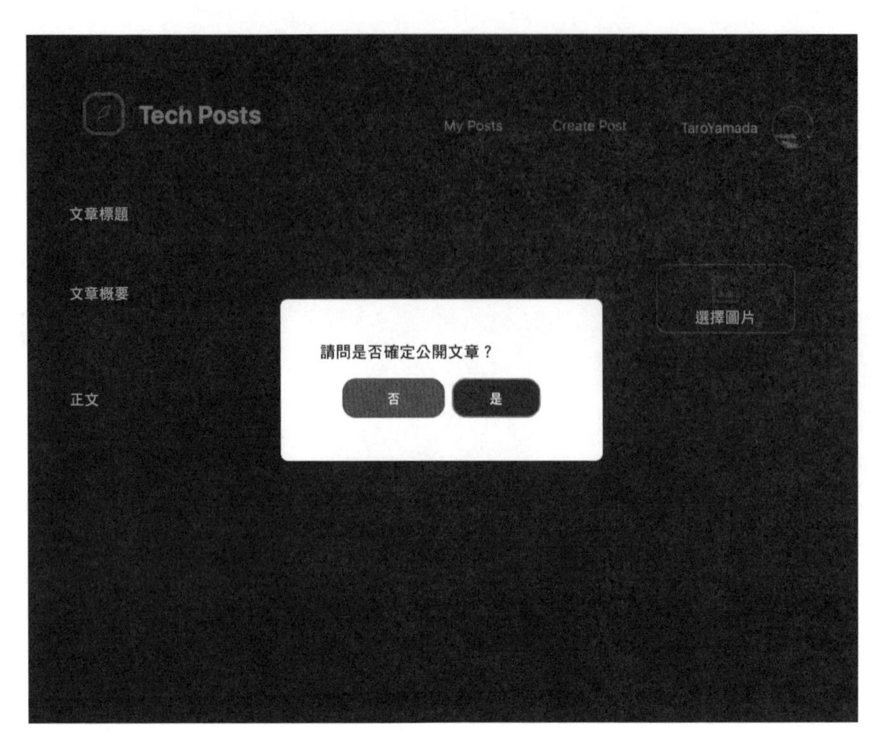

圖7-6　MyPostsCreate元件

▶ List 7-30　src/components/templates/MyPostsCreate/index.tsx

TypeScirpt

```
export const MyPostsCreate = () => {
  const router = useRouter();
  const { showToast } = useToastAction();
  const { showAlertDialog, hideAlertDialog } = useAlertDialogAction();
  return (
    <PostForm
      title="新增文章"
      description="建立新的文章"
      onClickSave={(isPublish) => {
        if (!isPublish) return;
        // 嘗試將文章公開，顯示AlertDialog
        showAlertDialog({ message: "請問是否確定公開文章？" });
      }}
      onValid={async (input) => {
        // 嘗試送出適當內容時
        const status = input.published ? "公開" : "儲存";
```

```
        if (input.published) {
          hideAlertDialog();
        }
        try {
          // 開始API通訊後，顯示「正在儲存……」
          showToast({ message: "正在儲存…", style: "busy" });
          const { id } = await createMyPosts({ input });
          // 公開（儲存）成功時，切換畫面
          await router.push(`/my/posts/${id}`);
          // 公開（儲存）成功時，顯示「公開（儲存）成功」
          showToast({ message: `${status}成功`, style: "succeed" });
        } catch (err) {
          // 公開（儲存）失敗時，顯示「公開（儲存）失敗」
          showToast({ message: `${status}失敗`, style: "failed" });
        }
      }}
      onInvalid={() => {
        // 一旦嘗試送出不適當的內容時、關閉AlertDialog
        hideAlertDialog();
      }}
    >
      <AlertDialog />
    </PostForm>
  );
};
```

● 準備互動測試

為了要進行互動測試，我們在setup函式內追加以下的函式（List 7-31）。一直到「儲存草稿／儲存並公開」文章為止，都需要在函數的回傳值當中包含必要的互動處理。

- typeTitle：輸入文章標題
- saveAsPublished：嘗試以公開狀態儲存文章
- saveAsDraft：嘗試以草稿狀態儲存文章
- clickButton：選擇「是／否」
- selectImage：選擇文章的主要圖片

▶ List 7-31　src/components/templates/MyPostsCreate/index.test.tsx

```typescript
export async function setup() {
  render(<Default />);
  const { selectImage } = selectImageFile();
  async function typeTitle(title: string) {
    const textbox = screen.getByRole("textbox", { name: "文章標題" });
    await user.type(textbox, title);
  }
  async function saveAsPublished() {
    await user.click(screen.getByRole("switch", { name: "公開狀態" }));
    await user.click(screen.getByRole("button", { name: "公開文章" }));
    await screen.findByRole("alertdialog");
  }
  async function saveAsDraft() {
    await user.click(screen.getByRole("button", { name: "儲存草稿" }));
  }
  async function clickButton(name: "是" | "否") {
    await user.click(screen.getByRole("button", { name }));
  }
  return { typeTitle, saveAsPublished, saveAsDraft, clickButton, selectImage
};
}
```

● 測試Alertdialog顯示

AlertDialog是只有在「公開」前才會顯示的UI元件。我們要驗證嘗試公開文章時，AlertDialog是否會顯示「請問是否確定公開文章？」。也要一起確認按下「否」之後AlertDialog是否會關閉（List 7-32）。

▶ List 7-32　src/components/templates/MyPostsCreate/index.test.tsx

```typescript
test("嘗試將文章公開，顯示AlertDialog", async () => {
  const { typeTitle, saveAsPublished, selectImage } = await setup();
  await typeTitle("201");
  await selectImage();
  await saveAsPublished(); ◀──── 公開文章
  expect(
    screen.getByText("請問是否確定公開文章？")
  ).toBeInTheDocument();
});
```

```
test("一按下「否」，就關閉AlertDialog", async () => {
  const { typeTitle, saveAsPublished, clickButton, selectImage } =
    await setup();
  await typeTitle("201");
  await selectImage();
  await saveAsPublished(); ←―――― 公開文章
  await clickButton("否");
  expect(screen.queryByRole("alertdialog")).not.toBeInTheDocument();
});
```

公開文章時就必須得要輸入「文章標題」。倘若完全沒有輸入任何內容就嘗試公開文章，雖然一樣會出現AlertDialog，但無法順利儲存。下面就是驗證了此時文字框會是`Invalid`、且AlertDialog也被關閉的情況（List 7-33）。

▶ List 7-33　src/components/templates/MyPostsCreate/index.test.tsx

TypeScirpt

```
test("一旦嘗試送出不適當的內容時、關閉AlertDialog", async () => {
  const { saveAsPublished, clickButton, selectImage } = await setup();
  // await typeTitle("201"); ←―――― 尚未輸入標題
  await selectImage();
  await saveAsPublished();
  await clickButton("是");
  // 文章標題的輸入欄位為invalid
  await waitFor(() =>
    expect(screen.getByRole("textbox", { name: "文章標題" })).toBeInvalid()
  );
  expect(screen.queryByRole("alertdialog")).not.toBeInTheDocument();
});
```

● 測試Toast顯示

開始執行公開／儲存的請求時，Toast會顯示「正在儲存……」。成功時的測試會再另外寫斷言（List 7-34）。

▶ List 7-34　src/components/templates/MyPostsCreate/index.test.tsx

TypeScirpt

```
test("開始API通訊後，顯示「正在儲存……」", async () => {
  const { typeTitle, saveAsPublished, clickButton, selectImage } =
    await setup();
```

```
  await typeTitle("201");
  await selectImage();
  await saveAsPublished(); ◀──── 公開文章
  await clickButton("是");
  await waitFor(() =>
    expect(screen.getByRole("alert")).toHaveTextContent("正在儲存……")
  );
});

test("公開（儲存）成功時，顯示「公開（儲存）成功」", async () => {
  const { typeTitle, saveAsPublished, clickButton, selectImage } =
    await setup();
  await typeTitle("201");
  await selectImage();
  await saveAsPublished(); ◀──── 公開文章
  await clickButton("是");
  await waitFor(() =>
    expect(screen.getByRole("alert")).toHaveTextContent("公開成功")
  );
});
```

當我們在使用MSW設定好的模擬伺服器上將文章標題輸入"500"、並嘗試儲存時，就會回傳錯誤回應（List 7-35）。雖然也可以依據每個測試來選擇不同的方法覆寫回應，不過像我們這樣透過輸入的內容來刻意觸發錯誤回應也可行。各位都可以依據自身的需求來設計請求處理器，以便觸發符合期待的錯誤情況。

▶ List 7-35　src/components/templates/MyPostsCreate/index.test.tsx

TypeScirpt

```
test("公開（儲存）失敗時，顯示「公開（儲存）失敗」", async () => {
  const { typeTitle, saveAsPublished, clickButton, selectImage } =
    await setup();
  await typeTitle("500"); ◀──── 標題處一定會回傳錯誤回應
  await selectImage();
  await saveAsPublished(); ◀──── 公開文章
  await clickButton("是");
  await waitFor(() =>
    expect(screen.getByRole("alert")).toHaveTextContent("公開失敗")
  );
});
```

● 測試畫面切換

測試切換畫面的部分在第7章第3節已經學過。當Web API處理正常完成後，畫面就會切換。這邊使用waitFor函式來驗證mackRouter的pathname確實是文章頁面（List 7-36）。

▶ List 7-36　src/components/templates/MyPostsCreate/index.test.tsx

TypeScirpt

```
test("儲存草稿後，切換到顯示已儲存的草稿的頁面", async () => {
  const { typeTitle, saveAsDraft, selectImage } = await setup();
  await typeTitle("201");
  await selectImage();
  await saveAsDraft();  ← 儲存草稿
  await waitFor(() =>
    expect(mockRouter).toMatchObject({ pathname: "/my/posts/201" })
  );
});

test("成功公開文章後，切換畫面", async () => {
  const { typeTitle, saveAsPublished, clickButton, selectImage } =
    await setup();
  await typeTitle("201");
  await selectImage();
  await saveAsPublished();  ← 公開文章
  await clickButton("是");
  await waitFor(() =>
    expect(mockRouter).toMatchObject({ pathname: "/my/posts/201" })
  );
});
```

以上就是結合了連動Web API回應、搭配「PostForm元件、AlertDialog元件、Toast元件」功能來執行的大範圍整合測試。雖然用到的PostForm元件跟「表單驗證測試」那一小節所分享的UI元件相同，但這個UI元件的驗證功能並不囊括在這裡講解的測試當中。

要是測試內容包含到子元件所負責的處理，那麼跟母元件之間的職掌就會變得不明確。因此我們的重點是要寫好母元件內**針對各個環節相互連動部分的測試**。不僅藉此釐清該做的測試有哪些，更明確地確保了每個環節應盡的責任與義務。

7-9 圖片上傳整合測試

最後我們來看看怎麼加入上傳圖片的功能的狀態下測試UI元件吧（圖7-7）。

圖7-7　Avatar元件

程式碼範本 src/components/templates/MyProfileEdit/Avatar/index.tsx

● 測試目標簡介

「Avatar」元件是用在使用者的個人資訊頁面，具有顯示、修改虛擬替身圖片的功能。處理流程如下（List 7-37）。

① 可選擇儲存在電腦內的圖片，嘗試上傳選好的圖片

② 圖片上傳成功時，套用為大頭照

③ 圖片上傳失敗時，以警示告知失敗

選擇圖片會用到外部元件<InputFileButton>，它原先就已經做好了<inputtype="file">，藉此我們僅需要點擊滑鼠就能選擇電腦裡的圖片。accept: "image/png, image/jpeg"則是用來限制只能選擇PNG圖檔及JPEG圖檔。而要測試的部分就是驗證UI元件確實執行了呼叫②跟③。

▶ List 7-37　src/components/templates/MyProfileEdit/Aavatar/index.tsx

TypeScript

```
export const Aavatar = (props: Props) => {
  const { showToast } = useToastAction();
  const { onChangeImage, imageUrl } = useUploadImage({
    ...props,
    onRejected: () => {
      showToast({
        message: `圖片上傳失敗`,
        style: "failed",
      });
    },
  });
  return (
    <div className={styles.module}>
      <p className={styles.avatar}>
        <img src={imageUrl || ""} alt="" />
      </p>
      <InputFileButton
        buttonProps={{
          children: "變更照片",
          type: "button",
        }}
        inputProps={{
          accept: "image/png, image/jpeg",
          onChange: onChangeImage,
        }}
      />
    </div>
  );
};
```

③圖片上傳失敗時，以警示告知失敗

②圖片上傳成功後，圖片URL就會被放入imageUrl

①按下按鈕、選擇圖片，嘗試上傳圖片

上傳圖片的處理流程、以及測試目標的範圍如下圖所示（圖7-8）。為了要驗證確實有呼叫到②跟③，我們得要準備「**模擬1/模擬2**」，而這正是本節的主旨。如果在研讀過程中突然不清楚是在講解哪裡的處理，都可以再回到這個圖來確認。

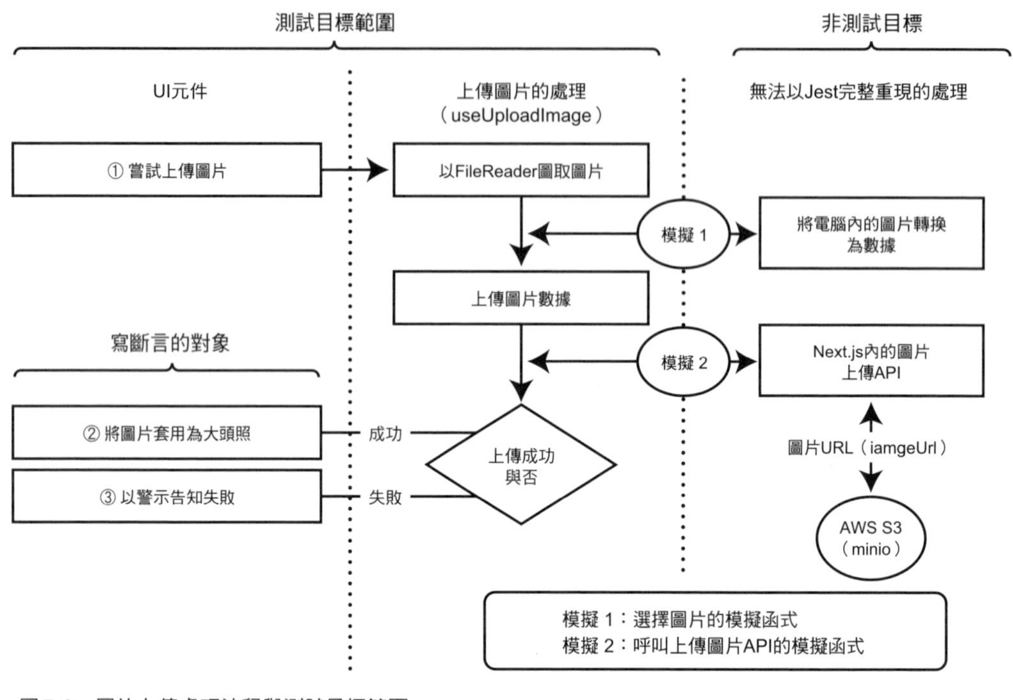

圖7-8　圖片上傳處理流程與測試目標範圍

● 上傳圖片的處理流程

當選擇圖片後，自訂勾點uesUploadImage所提供的onChangeImage事件處理器就會執行（List 7-38），而onChangeImage事件處理器負責處理的部分有以下2點。

- 使用瀏覽器API的FileReader物件，以非同步的方式讀取儲存在電腦內的圖檔
- 讀取成功後，呼叫圖片上傳API

▶ List 7-38　src/components/hooks/useUploadImage.ts

TypeScirpt

```
// handleChangeFile函式使用FileReader物件來讀取圖檔
const onChangeImage = handleChangeFile((_, file) => {
  //  將讀取成功的圖片內容放到file裡
  // uploadImage函式正在呼叫API Route內的圖片上傳API
  uploadImage({ file })
    .then((data) => {
      const imgPath = `${data.url}/${data.filename}` as PathValue<T, Path<T>>;
      // 將API回應裡的圖片URL設定為路徑
      setImageUrl(imgPath);
      setValue(name, imgPath);
      onResolved?.(data);
    })
    .catch(onRejected);
});
```

圖片上傳API（使用`upLoadImage`函式正在呼叫的API）是Next.js的API Routes裡面的功能，會經過AWS SDK※7-5、將圖片儲存在AWS S3※7-6。在開發環境當中則是會儲存在看起來像是AWS S3的minio開發專用伺服器內。在上傳完成的時候，就能取得圖片URL，再將此URL設定到`imageUrl`，如此一來就完成了大頭照圖片src的抓取流程了。

● 準備要給整合測試使用的模擬函式

這次的元件測試當中需要解決的挑戰是「選擇圖片（瀏覽器API）」跟「呼叫圖片上傳API（Next.js已具備）」這2點。jsdom並沒有我們需要的瀏覽器API，而我們認為測試時的圖片上傳API也不能依賴Next.js伺服器。因此才會需要使用模擬函式驗證②跟③。

選擇圖片的模擬函式

由於得重現選擇圖片，我們如下準備`selectImageFile`函式（List 7-39）。重點是「建立虛擬圖檔」跟「使用`user.upload`重現選擇圖片的互動」。渲染好等同於

※7-5　這是讓Amazon Web Service可以在應用程式內使用的標準函式庫。

※7-6　Amazon Web Service所提供的雲端檔案儲存空間服務。適合用來儲存圖片或靜態檔案。

data-testid="file" 的 input 元素後、再用上 selectImage 函式，就能讓 input 元素變成已經選好圖片的狀態。

▶ List 7-39　src/tests/jest.ts

```
TypeScirpt
import userEvent from "@testing-library/user-event";

export function selectImageFile(
  inputTestId = "file",
  fileName = "hello.png",
  content = "hello"
) {
  // 初始化userEvent
  const user = userEvent.setup();
  // 產生虛擬圖檔
  const filePath = [`C:\\fakepath\\${fileName}`];
  const file = new File([content], fileName, { type: "image/png" });
  // 取得渲染後的元件中等同於data-testid="file"的input元素
  const fileInput = screen.getByTestId(inputTestId);
  // 執行此函式後，就重現了選擇圖片的互動環節
  const selectImage = () => user.upload(fileInput, file);
  return { fileInput, filePath, selectImage };
}
```

呼叫圖片上傳API的模擬函式

呼叫圖片上傳API時，會對Next.js的API Routes產生請求，並對AWS S3觸發上傳圖片的處理。但倘若UI元件測試的流程進行到這個處理，就會偏離了一開始打算「驗證呼叫②跟③」的目的。所以我們這裡得要使用模擬函式，設定成回傳固定的回應。建立函式的方式跟第4章相同，都是模擬uploadImage函式，而引數status鑿是用來宣告HTTP狀態碼（List 7-40）。

▶ List 7-40　src/services/client/UploadImage/__mock__/jest.ts

```
TypeScirpt
import { ErrorStatus, HttpError } from "@/lib/error";
import * as UploadImage from "../fetcher";
import { uploadImageData } from "./fixture";

jest.mock("../fetcher");
```

```
export function mockUploadImage(status?: ErrorStatus) {
  if (status && status > 299) {
    return jest
      .spyOn(UploadImage, "uploadImage")
      .mockRejectedValueOnce(new HttpError(status).serialize());
  }
  return jest
    .spyOn(UploadImage, "uploadImage")
    .mockResolvedValueOnce(uploadImageData);
}
```

● 測試上傳成功的情況

準備好這2個模擬函式後，就可以來寫測試了（List 7-41）。「上傳成功的測試」一開始就直接呼叫mockUploadImage函式，讓上傳可以成功。初始顯示時的img元素src屬性應該是空值，所以我們斷言也要寫到。

▶ List 7-41　src/components/templates/MyProfileEdit/Aavatar/index.test.tsx

TypeScirpt

```
test("圖片上傳成功時，圖片的src屬性會改變", async () => {
  // 設定成讓圖片可以上傳成功
  mockUploadImage();
  // 渲染元件
  render(<TestComponent />);
  // 確認圖片的src屬性為空值
  expect(screen.getByRole("img").getAttribute("src")).toBeFalsy();
  // 選擇圖片
  const { selectImage } = selectImageFile();
  await selectImage();
  // 檢查圖片的src屬性並非空值
  await waitFor(() =>
    expect(screen.getByRole("img").getAttribute("src")).toBeTruthy()
  );
});
```

● 測試上傳失敗的情況

當這個元件上傳圖片失敗時，會顯示Toast元件，Toast會包含「圖片上傳失敗」的訊息（List 7-42）。

▶ List 7-42　呼叫Toast元件

TypeScirpt
```
const { onChangeImage, imageUrl } = useUploadImage({
  ...props,
  onRejected: () => {
    showToast({
      message: `圖片上傳失敗`,
      style: "failed",
    });
  },
});
```

測試一開始就呼叫mockUploadImage(500)，設定為讓上傳會失敗（List 7-43）。此時執行了選擇圖片後，就可以驗證是否會顯示Toast元件了。

▶ List 7-43　src/components/templates/MyProfileEdit/Aavatar/index.test.tsx

TypeScirpt
```
test("圖片上傳失敗時、顯示警示", async () => {
  // 設定為讓圖片上傳會失敗
  mockUploadImage(500);
  // 渲染元件
  render(<TestComponent />);
  // 選擇圖片
  const { selectImage } = selectImageFile();
  await selectImage();
  // 使用預先指定好的字串來執行顯示Toast的斷言
  await waitFor(() =>
    expect(screen.getByRole("alert")).toHaveTextContent(
      "圖片上傳失敗"
    )
  );
});
```

以上就是將重點放在釐清各個欲測試的目標環節、並依需求搭配模擬函式來編寫測試的方法教學。E2E測試當中也有使用上傳檔案的驗證方式，如以一來就算是整合測試也可以驗證錯誤狀態的分支判斷了。

第 8 章

UI元件總管

8-1 Storybook基本介紹

前端開發主要就是建立各種功能的UI元件。已完成的UI元件如果可以分享給開發團隊的成員、甚至是設計師或者產品負責人，肯定非常方便。UI元件總管就是個完全符合這種需求的協作工具。

在前端測試策略中，協作工具越來越受到重視。到目前為止的前端測試都是指以下兩種測試：

- 使用jsdom執行單元／整合測試
- 使用瀏覽器執行E2E測試

Storybook的UI元件測試的定位剛好坐落在這兩者的中間（圖8-1）。Storybook雖然是UI元件總管，但也因為與日俱增的功能而使它逐漸成為厲害的測試工具。本章將會依序講解Storybook的基本概念、操作方式，最後再分享如何應用在測試上。

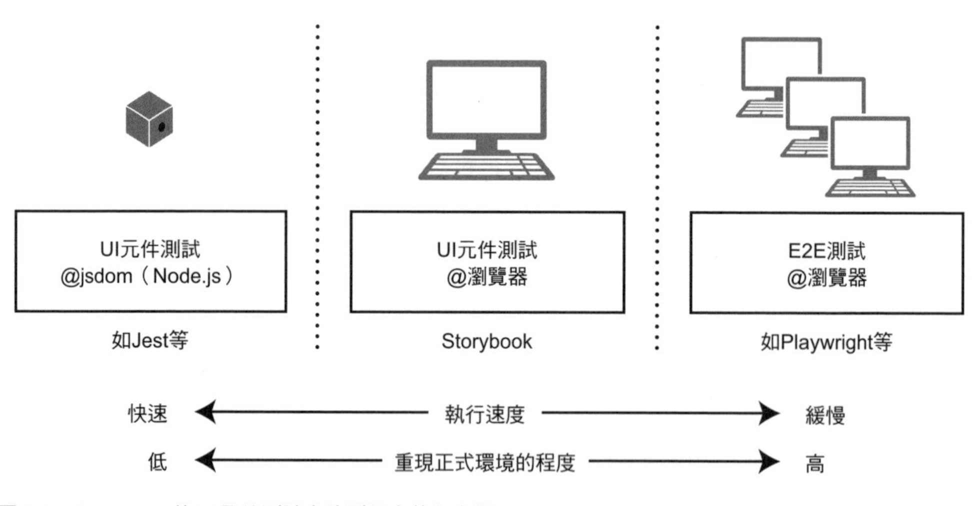

圖8-1　Storybook的UI元件測試定位剛好坐落在中間

● 安裝 Storybook

接著來看將Storybook導入到專案中的步驟。就算目前還沒有任何已經開始的專案，只要有空的儲存庫就能邁出第一步。由於有專門用來安裝Storybook的命令列介面工具，因此我們就透過這個工具先來安裝範本。

```bash
$ npx storybook init
```

當儲存庫是空的時，就會要求我們也要安裝程式碼範本。

```bash
? Do you want to manually choose a Storybook project type to install?➡
› (y/N)
```

這次選擇react。

```bash
   react_scripts
   meteor
>  react
   react_native
   react_project
   webpack_react
   vue
```

出現下一個詢問之後，我們選擇yes。

```bash
? Do you want to run the 'npm7' migration on your project ? > (Y/n)
```

react跟react-dom就再另外安裝吧！

```bash
$ npm install react react-dom
```

於是，需要的套件會被新增到package.json，並輸出設定檔跟程式碼範本。第一次安裝Storybook的讀者可以先嘗試查看與修改程式碼範本，可能有助於您更加理解這是什麼樣的工具。接著我們使用下方的指令，以http://localhost:6006來啟動Storybook的開發伺服器（圖8-2）。完成後按下「Ctrl + c」。

```bash
$ npm run storybook
```

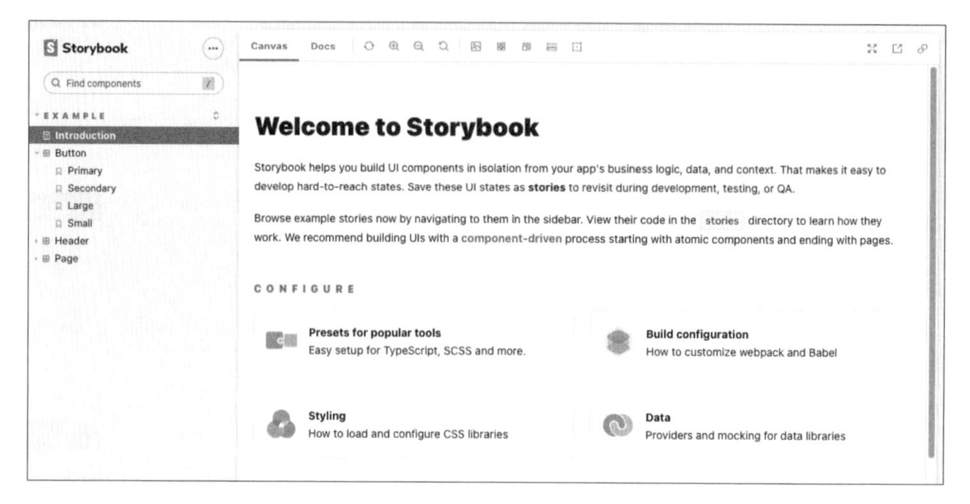

圖8-2　啟動Storybook的情況

在撰寫本書（2023年3月）時，存在著以`storybook init`指令建立的Storybook無法在Node.js v18內正常啟動的問題。倘若無法順利安裝，請從下方URL確認本書的範本儲存庫的issues。

URL　https://github.com/frontend-testing-book/vrt

● 註冊Story

要註冊Story，需要提交專案內的Story檔案。經歷了過去幾次的版本更新，註冊Story的方法也跟著改變了。本節所講解的內容則是依據本書撰寫時的最新版「CSF3.0」格式來寫下程式碼範本。

輸出的程式碼範本當中的`Button.jsx`就是UI元件的執行檔。要想在Storybook上查看該UI元件，就需要`Button.jsx`。

這個Story檔案會透過`export default`來export物件定義。將import的`Button`指定給`component`屬性，就能將`.storis.jsx`當作`Button`元件專用的Story檔案，到這邊就準備完成了（List 8-1）。

▶ List 8-1　Story檔案

TypeScript

```
import { Button } from "./Button";

export default {
  title: "Example/Button",
  component: Button,
};
```

將UI元件跟Props進行組合，就能做出不同的加工或動作。Button元件顯示的文字是指定給label這個Props（在Storybook裡，代表Props的變數名稱不是props、而是args）。有別於export default的指定，在CSF3.0當中如果是個別執行export時，就可以註冊一個Story（List 8-2）。

▶ List 8-2　一個Story

TypeScript

```
export const Default = {
  args: {
    label: "Button",
  },
};
```

將按鈕註冊到Story

Butttton元件還可以透過size這個Props來改變大小。在args.size裡設定不同的值、並以不同名稱執行export，就能註冊成不同的Story（List 8-3）。執行export的物件名稱可以自由命名，大家可以想些好記的名稱。

▶ List 8-3　註冊不同的Story

TypeScript

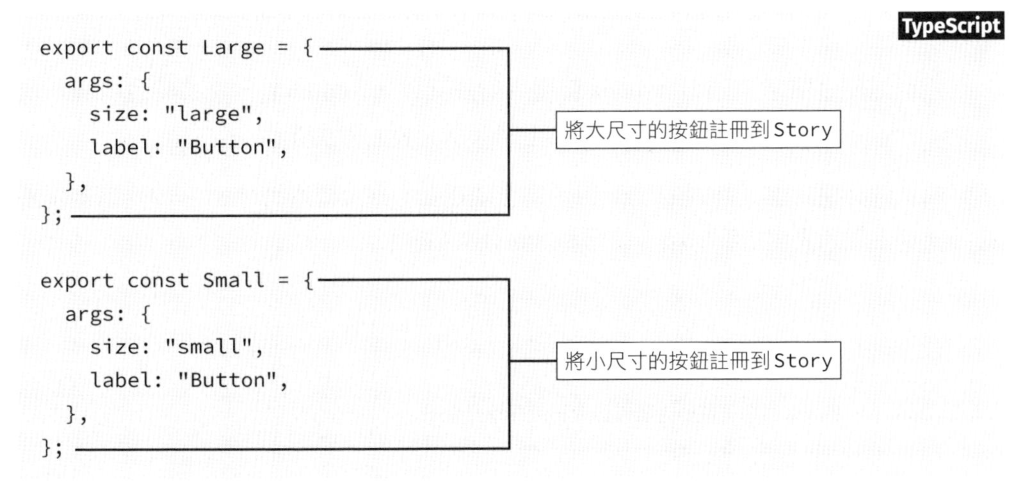

```
export const Large = {
  args: {
    size: "large",
    label: "Button",
  },
};

export const Small = {
  args: {
    size: "small",
    label: "Button",
  },
};
```

將大尺寸的按鈕註冊到Story
將小尺寸的按鈕註冊到Story

● 設定為三個層級的深度合併（deep merge）

註冊好的每一個Story，都可以套用到深度合併※8-1的設定，區分為「Global／Component／Story」三個層級（圖8-3）。將我們想要共用項目設定為合適的範圍，就可以讓每個Story的設定都最簡化。Storybook大部分的功能都能應用到這三個設定層級。

- Global層級：設定所有Story（`.storybook/preview.js`）
- Component層級：設定單一Story檔案（`export default`）
- Story層級：設定單一Story（`export const`）

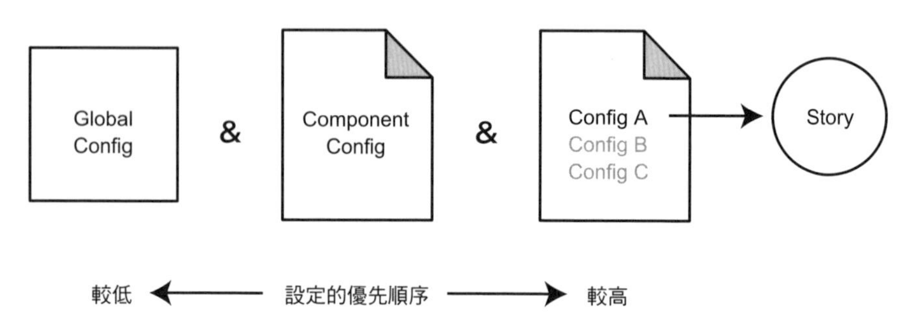

圖8-3　設定為三個層級的深度合併

8-2 Storybook必要的附加元件（Add-on）

我們可以配合需求來為Storybook新增「附加元件（Add-on）」。安裝時會自動新增的`@storybook/addon-essentials`正好就是必要的附加元件。

至於這個必要附加元件該怎麼使用，則會使用第7章複製過的Next.js程式碼範本來進行講解。我們先用下面的指令來啟動Storybook吧！

※8-1　深度合併意謂著物件更深層的屬性也會再遞歸進行合併。

```bash
$ npm run storybook
```

使用http://localhost:6006/啟動Storybook。

● 使用Controls偵錯

UI元件會依據Props收到的值來顯示內容、提供功能。將Storybook總管上的Props改寫，就可以即時地對元件顯示進行偵錯。這就是「Controls」功能。

我們看看程式碼範本當中的「AnchorButton」。查看此Story的「Controls」面板，可以看到可以指定哪些Props（children、theme、variant、disabled）（圖8-4）。按下這些控制器、變更內容後，就能立刻確認UI元件會產生什麼變化。

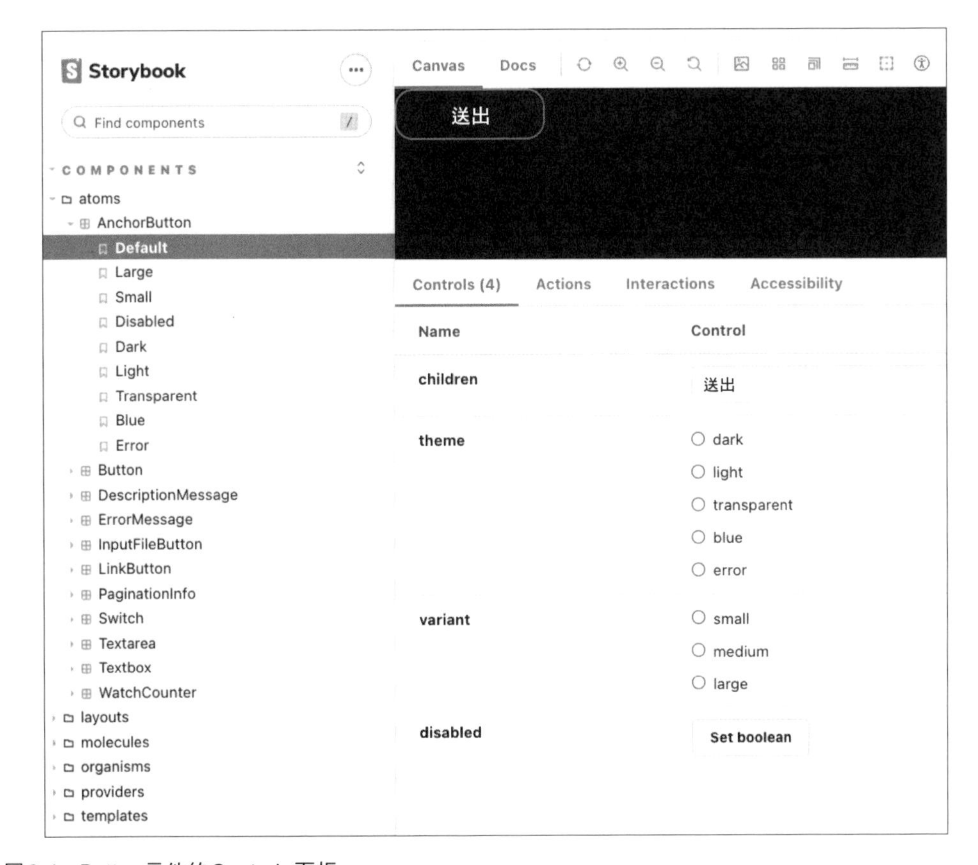

圖8-4　Button元件的Controls面板

程式碼範本 src/components/atoms/AnchorButton/index.stories.tsx

我經常會使用這個功能來放入大量的字串，確認「版面配置是否出現異常？」跟「是否有產生我所預期的回應？」(圖8-5)。在開發UI元件時對「外觀是否照我們的意思來顯示？」這件事進行偵錯，就是來自於這種小事的積累。

圖8-5　驗證是否放入了大量字串也不會造成版面配置出現異常

能做到這點是因為@storybook/addon-controls的功能，而它已經包含在安裝時所套用的@storybook/addon-essentials當中。

● 使用Actions驗證事件處理器

UI元件內部一連串的處理會透過呼叫Props內的事件處理器而產生結果。「Actions」是輸出事件處理器如何被呼叫的日誌功能，可透過@storybook/addon-actions使用。

我們可以在發佈文章的表單上使用Actions來進行確認。使用「FailedSaveAsDraft」的名稱來執行export的Story，是用來表示嘗試傳送不適當內容的UI元件狀態，因此我們可以從Actions面板看到有呼叫onInvalid事件處理器（圖8-6）。這份表單的「圖片」、「文章標題」都是必填，這些細節也都能從輸出的日誌進行檢查。

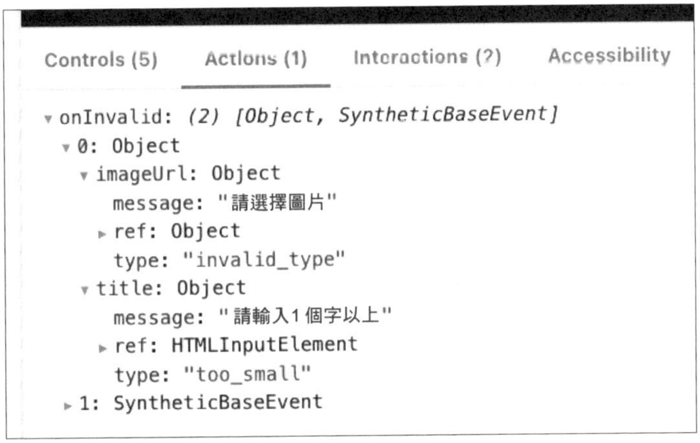

Controls (5)　Actions (1)　Interactions (?)　Accessibility

```
▾ onInvalid: (2) [Object, SyntheticBaseEvent]
  ▾ 0: Object
    ▾ imageUrl: Object
        message: "請選擇圖片"
      ▸ ref: Object
        type: "invalid_type"
    ▾ title: Object
        message: "請輸入1個字以上"
      ▸ ref: HTMLInputElement
        type: "too_small"
  ▸ 1: SyntheticBaseEvent
```

圖 8-6　呼叫了 onInvalid 事件處理器時的情況

程式碼範本　src/components/templates/MyPostsCreate/PostForm/index.tsx

這個附加元件一樣有包含在安裝時套用的`@storybook/addon-essentials`內，且自動就已完成初始設定。如果查看Global層級的`.storybook/preview.js`設定，會看到`argTypesRegex: "^on[A-Z]."`，這表示當事件處理器的名稱是以「on」為首時，自動就會輸出日誌到「Actions」面板。倘若專案已經有指南規定了事件處理器的命名方式，不妨就依照指南來指定為正規表示法吧（List 8-4）。

▶ List 8-4　.storybook/preview.js

TypeScript

```
export const parameters = {
  actions: { argTypesRegex: "^on[A-Z].*" },
};
```

● 設定符合響應式布局的 Viewport

當UI元件有響應式布局時，可以使用`@storybook/addon-viewport`來依照不同畫面尺寸註冊Story。

Next.js程式碼範本的所有頁面都是響應式布局，尤其是「layouts/BasicLayout/Header」的Story檔案當中註冊了好幾個行動裝置畫面尺寸的Story（圖8-7）。

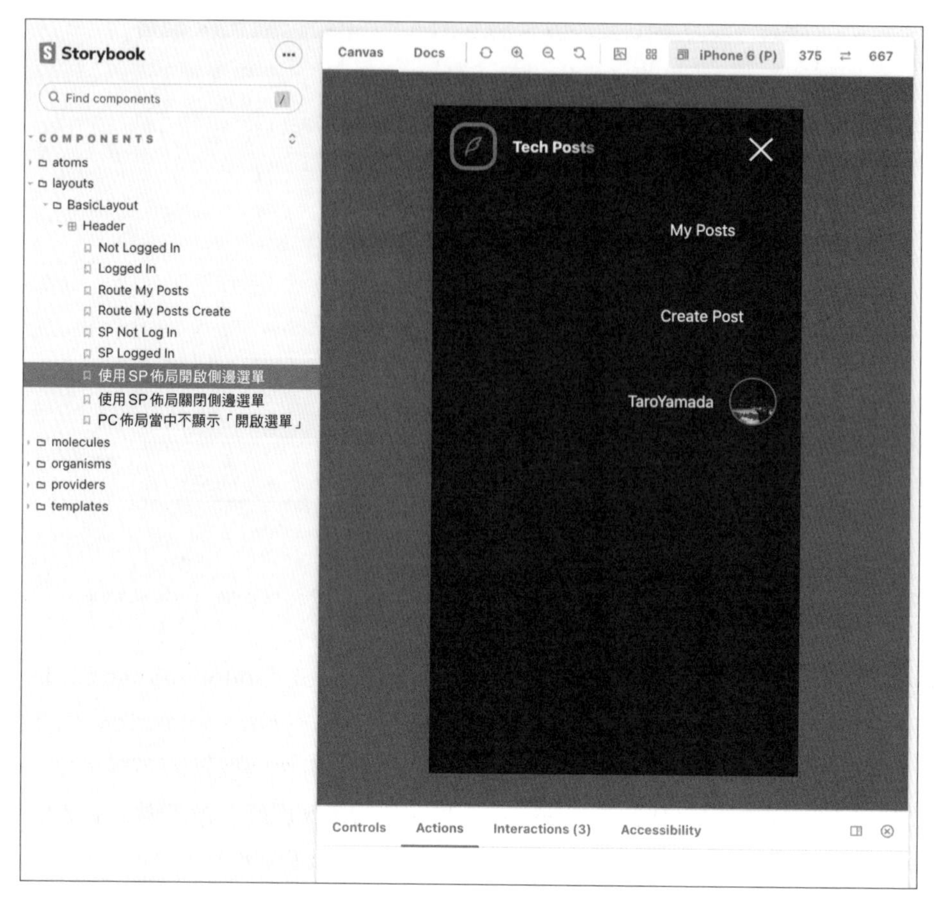

圖8-7　Viewport的Story初始設定被設定為iPhone 6尺寸

程式碼範本 `src/components/layouts/BasicLayout/Header/index.stories.tsx`

想要將Story註冊為SP（智慧型手機，smart phone）佈局時，需要設定`parameters.viewport`。程式碼範本中有準備了`SPStory`這個公用設定，專門用來將UI元件註冊為SP佈局（List 8-5）。

▶ List 8-5　src/components/layouts/BasicLayout/Header/index.stories.tsx

```typescript
import { SPStory } from "@/tests/storybook";

export const SPLoggedIn: Story = {
```

```
  parameters: {
    ...SPStory.parameters,
  },
};
```

套用公用的SP佈局設定

合併後的公用設定如下（List 8-6）。screenshot的設定跟Story視覺回歸測試有關，細節將會在第9章與各位分享。

▶ List 8-6　src/tests/storybook.tsx

TypeScript

```typescript
import { INITIAL_VIEWPORTS } from "@storybook/addon-viewport";

export const SPStory = {
  parameters: {
    viewport: {
      viewports: INITIAL_VIEWPORTS,
      defaultViewport: "iphone6",
    },
    screenshot: {
      viewport: {
        width: 375,
        height: 667,
        deviceScaleFactor: 1,
      },
      fullPage: false,
    },
  },
};
```

8-3 註冊依賴Context API的Story

如果需要註冊的Story是依賴在React的Context API時，可以使用Storybook的Decorator功能。只要預先做好用來放入初始值的Provider，就能輕鬆地在維持Context的狀態來重現依賴中的UI。

● Storybook Decorator簡介

先來介紹一下Decorator，它的功用其實就是用來包裝各個Story渲染函式。例如當我們希望在UI元件外圍留白時，就可以如下將Decorator（函式）指定給decorators陣列（List 8-7）。

▶ List 8-7　Decorator範例

```
TypeScript
import { ChildComponent } from "./";
export default {
  title: "ChildComponent",
  component: ChildComponent,
  decorators: [
    (Story) => (
      <div style={{ padding: "60px" }}>
        <Story />  ← 渲染各個Story
      </div>
    ),
  ],
};
```

由於此設定位於Component層級，因此註冊在檔案中的所有Story都會套用到這個外圍的留白。另外，也可使用陣列的指定多個Decorator。

● 儲存了Provider的Decorator

如同剛剛賦予了留白的部分一樣，可以為Decorator設定Context的Provider。比方說，只需要將儲存了登入使用者資訊的Provider（LoginUserInfoProvider）存放到公用的Decorator裡，就能讓依賴Context的Provider的UI元件Story也顯示登入使用者的資訊了（List 8-8）。

▶ List 8-8　src/tests/storybook.tsx

```
TypeScript
import { LoginUserInfoProvider } from "@/components/providers/➡
LoginUserInfo";
import { Args, PartialStoryFn } from "@storybook/csf";
import { ReactFramework } from "@storybook/react";

export const LoginUserInfoProviderDecorator = (
```

```
  Story: PartialStoryFn<ReactFramework, Args>
) => (
  <LoginUserInfoProvider>
    <Story />  ← Story透過Context抓取LoginUserInfo
  </LoginUserInfoProvider>
);
```

同樣地，如果還能先準備好提供公用佈局的Decorator，即可依照需求來區分使用。當然，整個應用程式都會用到的Provider可以直接使用一模一樣的東西，但如果是Storybook專用的Provider，不妨透過Decorator的方式來準備（List 8-9）。

▶ List 8-9　src/tests/storybook.tsx

TypeScript
```
import { BasicLayout } from "@/components/layouts/BasicLayout";
import { Args, PartialStoryFn } from "@storybook/csf";
import { ReactFramework } from "@storybook/react";

export const BasicLayoutDecorator = (
  Story: PartialStoryFn<ReactFramework, Args>
) => BasicLayout(<Story />);
```

● Decorator高階函式

準備建立Decorator的函式（高階函式），就能更靈活地創建Decorator。下面是第7章第2節講解過的程式碼，用來告知使用者狀態的`<Toast>`元件Story（List 8-10，圖8-8）。Provider Context的狀態是`{ message, style }`，而這個狀態就是通知訊息的資訊來源。不難看出各個Story都透過高階函式`createDecorator`來實現最小程度的設定。

▶ List 8-10　src/components/providers/ToastProvider/Toast/index.stories.tsx

TypeScript
```
export const Succeed: Story = {
  decorators: [createDecorator({ message: "成功", style: "succeed" })],
};

export const Failed: Story = {
  decorators: [createDecorator({ message: "失敗", style: "failed" })],
};
```

```
export const Busy: Story = {
  decorators: [createDecorator({ message: "連線中…", style: "busy" })],
};
```

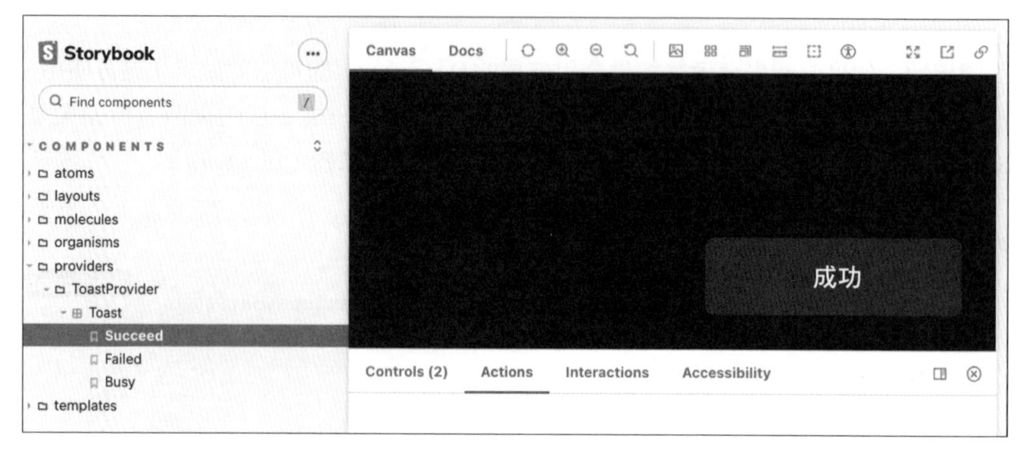

圖 8-8　Toast顯示「成功」的情況

下方的程式碼則是createDecorator函式裡面的內容（List 8-11）。<Toast>元件會顯示<ToastProvider>所提供的資訊。像這樣準備好高階函式，就能用來放入初始值（defaultState）。

▶ List 8-11　src/components/providers/ToastProvider/Toast/index.stories.tsx

```
TypeScript
import { ComponentMeta, ComponentStoryObj } from "@storybook/react";
import { Toast } from "./";
import { ToastState } from "./ToastContext";
import { ToastProvider } from "./ToastProvider";

function createDecorator(defaultState?: Partial<ToastState>) {
  return function Decorator() {
    return (
      <ToastProvider defaultState={{ ...defaultState, isShown: true }}>
        {null}
      </ToastProvider>
    );
  };
}
```

8-4 註冊依賴Web API的Story

當UI元件依賴著Web API時，Story也需要Web API。為了要確認能否順利顯示，就得要啟動Web API伺服器才行。

當希望建構 Storybook 並將其作為靜態網站進行託管時，由於環境限制，有時可能無法實現與API請求的通訊。遇到這類的UI元件時，可以應用第7章第7節「模擬API回應的MSW」中講解的「MSW」。

● 設定附加元件

在Storybook裡使用MSW時，要安裝msw與msw-storybook-addon。

```bash
$ npm install msw msw-storybook-addon --save-dev
```

然後，在.storybook/preview.js執行initialize函式，啟用MSW（List 8-12）。由於所有的Story都需要mswDecorator，因此這裡也先設定好。

▶ List 8-12 .storybook/preview.js

```javascript
import { initialize, mswDecorator } from "msw-storybook-addon";

export const decorators = [mswDecorator];

initialize();
```

要是這是第一次要為專案安裝MSW時，請使用下方的指令宣告公開目錄（靜態資產的目錄）的位置（請將<PUBLIC_DIR>代換為專案自己的公開目錄名稱）。如此一來就能產生mockServiceWorker.js，我們要提交這個檔案。

```bash
$ npx msw init <PUBLIC_DIR>
```

Storybook裡面也要明確註記好公開目錄的位置（List 8-13）。

▶ List 8-13　.storybook/main.js

```
JavaScript
module.exports = {
  ～～～ 中略（指定其他main）～～～
  staticDirs: ["../public"],
};
```

● 變更請求處理器

與其他的parameters相同，透過三層的「Global／Component／Story」設定後，用在Story的請求處理器也會隨之定案。

- Global層級：設定所有Story（.storybook/preview.js）
- Component層級：設定單一Story檔案（export default）
- Story層級：設定單一Story（export const）

先將.storybook/preview.js需要的東西設定好。

比方說，當所有的Story都會需要用到登入使用者的資訊時，就可以預先將回傳登入使用者資訊的MSW處理器設定在Global層級（List 8-14）。

▶ List 8-14　.storybook/preview.js

```
JavaScript
export const parameters = {
  ～～～ 中略（指定其他parameters）～～～
  msw: {
    handlers: [
      rest.get("/api/my/profile", async (_, res, ctx) => {
        return res(
          ctx.status(200),
          ctx.json({
            id: 1,
            name: "TaroYamada",
            bio: "我目前是前端工程師，對TypeScript與UI元件測試非常有興趣。",
            twitterAccount: "taro-yamada",
            githubAccount: "taro-yamada",
            imageUrl: "/__mocks__/images/img01.jpg",
```

```
          email: "taroyamada@example.com",
          likeCount: 1,
        })
      );
    }),
  ],
 },
};
```

套用到Story的優先順序是「Story ＞ Component ＞ Global」，所以當相同URL的請求處理器被設定為Story層級時，該設定就會最優先被套用。我們改寫之前設定為共用的登入使用者資訊的模擬回應，嘗試重現尚未登入狀態的回應（List 8-15）。

▶ List 8-15　在Story層級來設定請求處理器

TypeScript

```
export const NotLoggedIn: Story = {
  parameters: {
    msw: {
      handlers: [
        rest.get("/api/my/profile", async (_, res, ctx) => { ← 覆蓋掉原先設定好的URL請求處理器
          return res(ctx.status(401));
        }),
      ],
    },
  },
};
```

由於請求處理器可以依據每個Story進行獨立設定，因此當遇到「即便是同一個元件也可能因為Web API的回應而顯示不同內容」的情況時，就能靈活應對了。舉一反三，這當然也可以用在依據錯誤回應中的HTTP狀態碼來顯示不同的內容囉，對吧！

● 準備高階函式、讓請求處理器更為簡潔

某些Web API的「URL路徑與回應內容」是無法分開的。就算用在Story或測試上，可以單獨重寫URL，但這可能因為無法確實地追蹤設計變更而導致出現功能缺陷的疑慮。為了要弭平這類疑慮，事先跟Web API客戶端綁在一起、定義好請求處理器的高階函式就是相當方便的做法。

程式碼範本的「登入畫面」跟「共同頁面標頭」都使用了高階函式 `handleGetMyProfile`，可以渲染出與獲取登入使用者資訊的API請求處理器相同的內容（List 8-16，List 8-17）。

▶ List 8-16　未登入狀態的共同頁面標頭（src/components/layouts/BasicLayout/Header/index.stories.tsx）

TypeScript

```
export const NotLoggedIn: Story = {
  parameters: {
    msw: { handlers: [handleGetMyProfile({ status: 401 })] },
    // 渲染出跟下面相同的請求處理器
    // msw: {
    //   handlers: [
    //     rest.get("/api/my/profile", async (_, res, ctx) => {
    //       return res(ctx.status(401));
    //     }),
    //   ],
    // },
  },
};
```

描述變得相當簡潔

▶ List 8-17　登入頁面的Story檔案（src/components/templates/Login/index.stories.tsx）

TypeScript

```
export default {
  component: Login,
  parameters: {
    nextRouter: { pathname: "/login" },
    msw: { handlers: [handleGetMyProfile({ status: 401 })] },
  },
  decorators: [BasicLayoutDecorator],
} as ComponentMeta<typeof Login>;
```

妥善地應用請求處理器高階函式，就算面對的是依賴著得要從Web API取得資料的UI元件，也能輕易地完成設定。更多細節就留待讀者自行查看程式碼範本的內容囉。

8-5 註冊依賴Next.js Router的Story

在UI元件當中有些可能僅會對特定網頁URL產生反應。導入`storybook-addon-next-router`，我們就能依據Router的狀況來單獨設定個別的Story。

● 設定附加元件

使用下方指令安裝需要的模組，對`.storybook/main.js`與`.storybook/preview.js`進行設定（List 8-18，List 8-19）。

bash
```
$ npm install storybook-addon-next-router --save-dev
```

▶ List 8-18 .storybook/main.js

JavaScript
```
module.exports = {
  中略（指定其他main）
  stories: ["../src/**/*.stories.@(js|jsx|ts|tsx)"],
  addons: ["storybook-addon-next-router"],
};
```

▶ List 8-19 .storybook/preview.js

JavaScript
```
import { RouterContext } from "next/dist/shared/lib/router-context";

export const parameters = {
  中略（指定其他parameters）
  nextRouter: {
    Provider: RouterContext.Provider,
  },
};
```

● 示範註冊依賴Router的Story

下面這段是在第7章第3節講解過的共同頁面標頭Story（List 8-20）。這邊的頁面導覽會依據pathname（瀏覽器上的URL）來標註目前所在頁面（橘色底線）（圖8-9，圖8-10）。

▶ List 8-20　src/components/layouts/BasicLayout/Header/index.stories.tsx

```typescript
export const RouteMyPosts: Story = {
  parameters: {
    nextRouter: { pathname: "/my/posts" },
  },
};

export const RouteMyPostsCreate: Story = {
  parameters: {
    nextRouter: { pathname: "/my/posts/create" },
  },
};
```

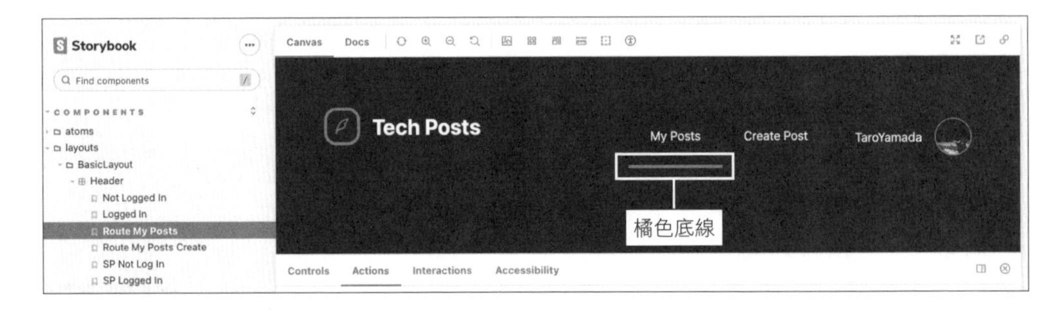

圖8-9　當URL為"/my/posts"時

圖8-10　當URL為"/my/posts/create"時

8-6 用Play function進行互動測試

雖然Props可以重現UI元件的許多狀態，不過也有些UI是必須得要賦予互動才能重現狀態。例如在送出表單內容之前需要驗證瀏覽器上被輸入的文字，並顯示驗證錯誤。而要重現此狀態，就必需要讓UI產生「輸入文字、離開焦點、按下送出按鈕」的互動。使用「Play function」這個Storybook功能，就能將這類賦予互動的狀態註冊為Story。

● 設定附加元件

使用下方指令安裝必要模組，設定`.storybook/main.js`與`.storybook/preview.js`（List 8-21）。

```bash
$ npm install @storybook/testing-library @storybook/jest @storybook/➡
addon-interactions --save-dev
```

▶ List 8-21　.storybook/main.js

```JavaScript
module.exports = {
  〜〜〜 中略（指定其他main）〜〜〜
  stories: ["../src/**/*.stories.@(js|jsx|ts|tsx)"],
  addons: ["@storybook/addon-interactions"],
  features: {
    interactionsDebugger: true,
  },
};
```

● 賦予互動

要賦予互動，就要在Story裡設定`play`函式（Play function）。

跟使用Testing Library + jsdom寫的測試程式碼一樣，我們要用`userEvent`來將互動提供給UI元件。

下面的程式碼範本是發佈文章表單的Story（List 8-22）。可以看到在文章標題的輸入元素裡面放入了「我的技術文章」的字串。

▶ List 8-22　src/components/templates/MyPostsCreate/PostForm/index.stories.tsx

```typescript
export const SucceedSaveAsDraft: Story = {
  play: async ({ canvasElement }) => {
    const canvas = within(canvasElement);
    await user.type(
      canvas.getByRole("textbox", { name: "文章標題" }),
      "我的技術文章"
    );
  },
};
```

由於這跟Testing Library裡用到的getBy查詢或userEvent幾乎是相同的API，因此這邊的互動寫起來就跟寫UI元件測試大同小異。我們到Storybook總管內查看就能發現已經自動執行Play function、文字已經呈現輸入完成的狀態了（圖8-11）。

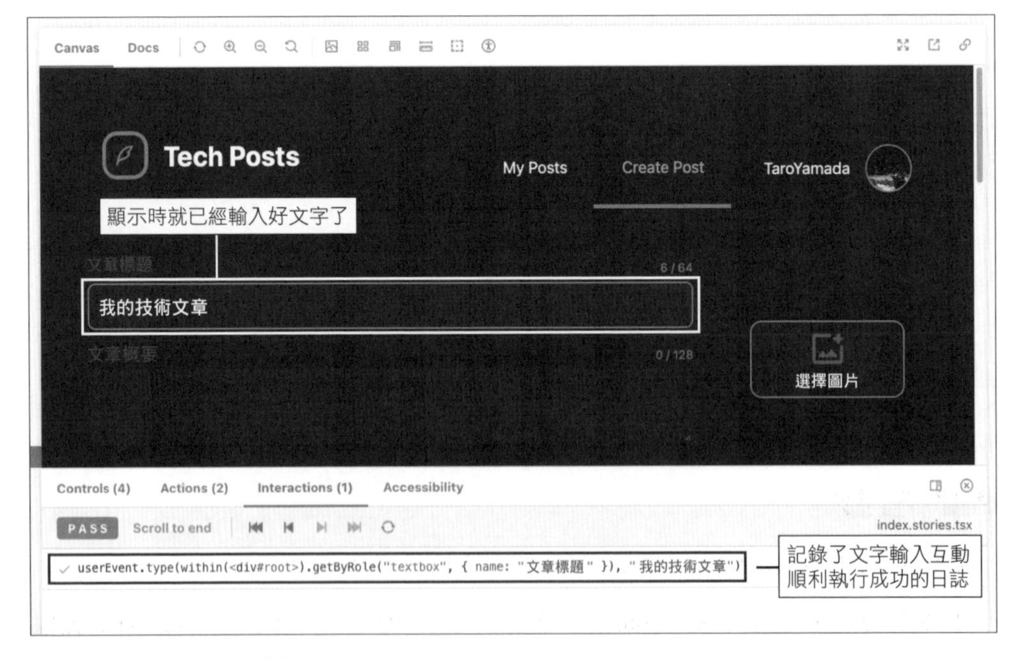

圖8-11　賦予文字輸入互動的Story

無法順利賦予互動時，互動就會中止。我們可以嘗試將`{ name: "文章標題" }`改為`{ name: "文章次標題" }`。由於找不到元素，可以看到附加元件面板顯示了「FAIL」的警告（圖8-12）。

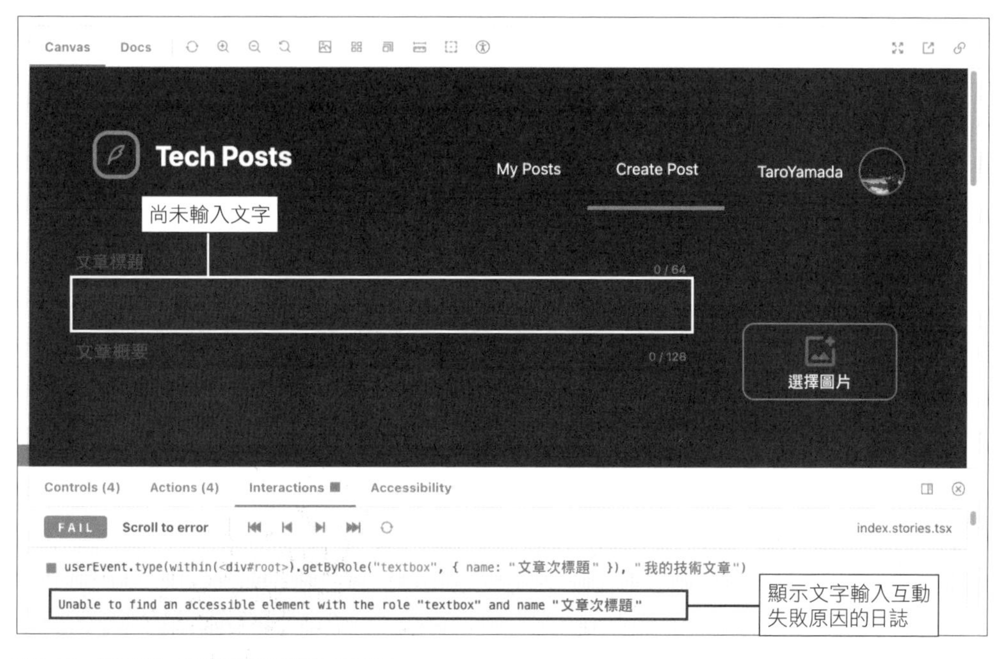

圖8-12　找不到元素時就顯示警告的面板

● 寫斷言

使用`@storybook/jest`的`expect`函式，就可以在給予UI元件互動的狀態下寫斷言。我們看看跟剛剛相同的文章發佈表單的另一個Story（List 8-23）。

▶ List 8-23　src/components/templates/MyPostsCreate/PostForm/index.stories.tsx

TypeScript

```
export const SavePublish: Story = {
  play: async ({ canvasElement }) => {
    const canvas = within(canvasElement);
    await user.type(
      canvas.getByRole("textbox", { name: "文章標題" }),
      "我的技術文章"
    );
```

```
    await user.click(canvas.getByRole("switch", { name: "公開狀態" }));
    await expect(
      canvas.getByRole("button", { name: "公開文章" })
    ).toBeInTheDocument();
  },
};
```

當我們點擊「公開狀態」的撥動開關後，按鈕上的文字就會從「儲存草稿」變成「公開文章」（圖8-13）。

圖8-13　更改為公開狀態時、按鈕上的文字也會改變

再看看另一個Story吧（List 8-24）！我們嘗試完全不輸入任何內容、就按下「儲存草稿」，此時發生的驗證錯誤，可以看到顯示了錯誤訊息（圖8-14）。使用了`waitForAPI`的寫法也會跟Testing Library＋jsdom相同。當斷言失敗時，也一樣會在附加元件面板顯示警告。

▶ List 8-24　src/components/templates/MyPostsCreate/PostForm/index.stories.tsx

TypeScript
```
export const FailedSaveAsDraft: Story = {
  play: async ({ canvasElement }) => {
    const canvas = within(canvasElement);
    await user.click(canvas.getByRole("button", { name: "儲存草稿" }));
    const textbox = canvas.getByRole("textbox", { name: "文章標題" });
    await waitFor(() =>
      expect(textbox).toHaveErrorMessage("請輸入1個字以上")
    );
  },
};
```

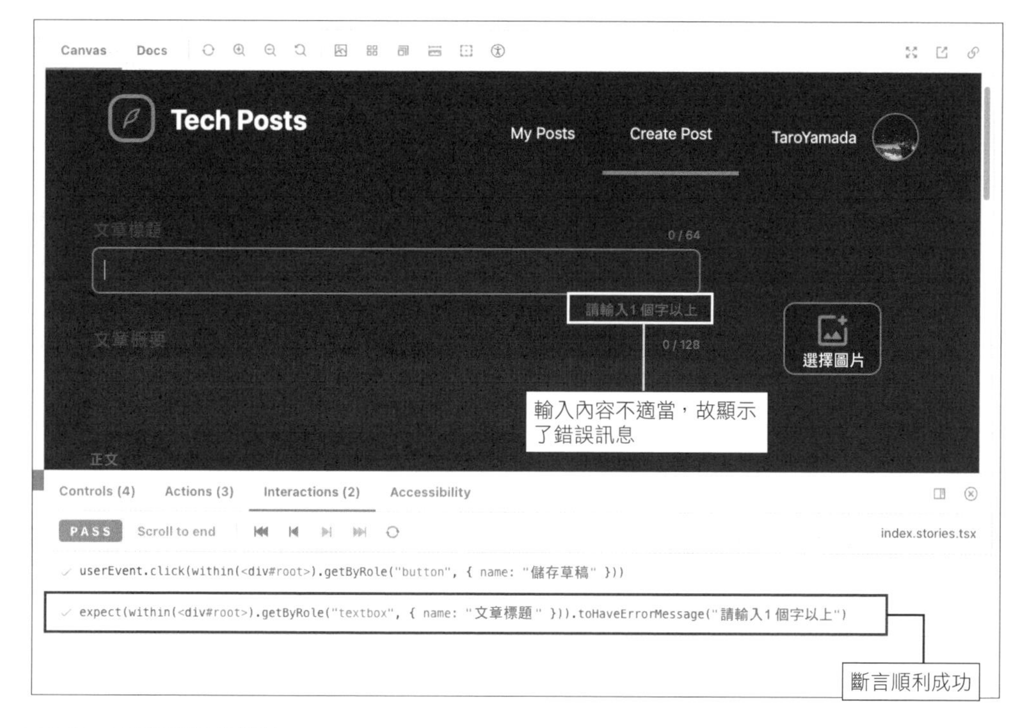

圖 8-14　驗證錯誤時的情況

使用Play Function，就可以在Storybook裡寫互動測試了。

8-7 運用addon-a11y進行無障礙性測試

運用Storybook來幫助提升無障礙性，則可以有助於以元件為單位來進行無障礙性驗證。一邊確認Storybook一邊寫程式碼，就有機會儘早發現關於無障礙性的疑慮。

● 設定附加元件

新增附加元件`@storybook/addon-a11y`，讓我們可以在Storybook總管上以視覺化方式確認無障礙性的疑慮。安裝`@storybook/addon-a11y`，設定`.storybook/main.js`（List 8-25）。

```bash
$ npm install @storybook/addon-a11y --save-dev
```

▶ List 8-25　.storybook/main.js

```JavaScript
module.exports = {
  〰〰 中略（指定其他main）〰〰
  stories: ["../src/**/*.stories.@(js|jsx|ts|tsx)"],
  addons: ["@storybook/addon-a11y"],
};
```

對`parameters.a11y`設定這個附加元件，其他的`parameters`則同樣會依照三層級的「Global／Component／Story」生效。

- Global層級：設定所有Story（`.storybook/preview.js`）
- Component層級：設定單一Story檔案（`export default`）
- Story層級：設定單一Story（`export const`）

● 確認關於無障礙性的擔憂

開啟剛剛新增到附加元件的「Accessibility」面板，可以看到報告當中有著區分為「Violations（紅色）／Passes（綠色）／Incomplete（黃色）」的驗證內容。Violations意指違反、Incomplete則代表應被修正的問題。

開啟專屬的頁籤，可以查看問題跟指引（圖8-15）。按下「Highlight results」的核取方塊後，被提報的問題位置將會被紅色虛線框起來、加以強調。我們可以透過這份報告來想辦法讓無障礙性的考量更加周全。

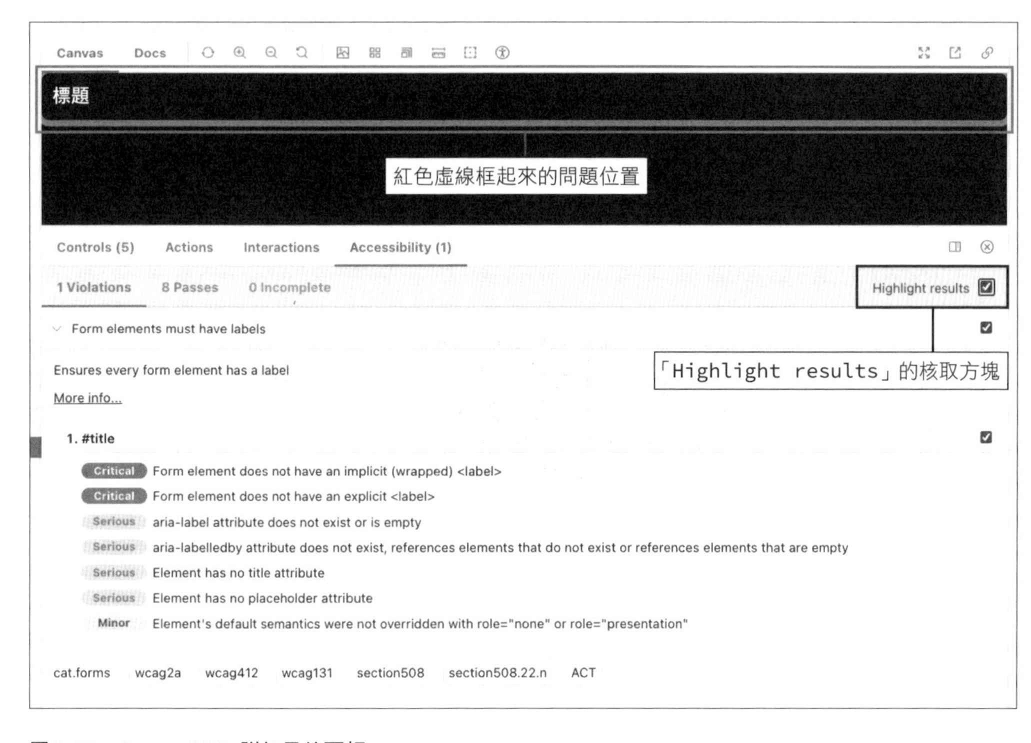

圖8-15　Accessibility附加元件面板

● 使一部分違反規則的情況失效

要是規則太嚴謹，報告內容可能對我們不太有幫助，因此就出現了「使一部分違反規則的情況失效」的需求。這個失效的設定也可以套用到「整體／以Story檔案為單位／以Story為單位」的層級。

下面的例子是程式碼範本「src/components/atoms/Switch/index.stories.tsx」的`<switch>`元件的Story（List 8-26）。此時還沒設定附加元件。我們查看附加元件面板，顯示了Violations來表達「Form elements must have labels」，換句話說就是被提報了違反「必須跟表單元素`<label>`元素一起安裝才行」的規則（圖8-16）。

可是，這個UI元件已經是最小的元素，無法再加入`<label>`元素並註冊為Story。看來是時候讓這規則失效了。

▶ List 8-26　一定會違反無障礙性規則的Story

TypeScript
```
export default {
  component: Switch,
} as ComponentMeta<typeof Switch>;

export const Default: Story = {};
```

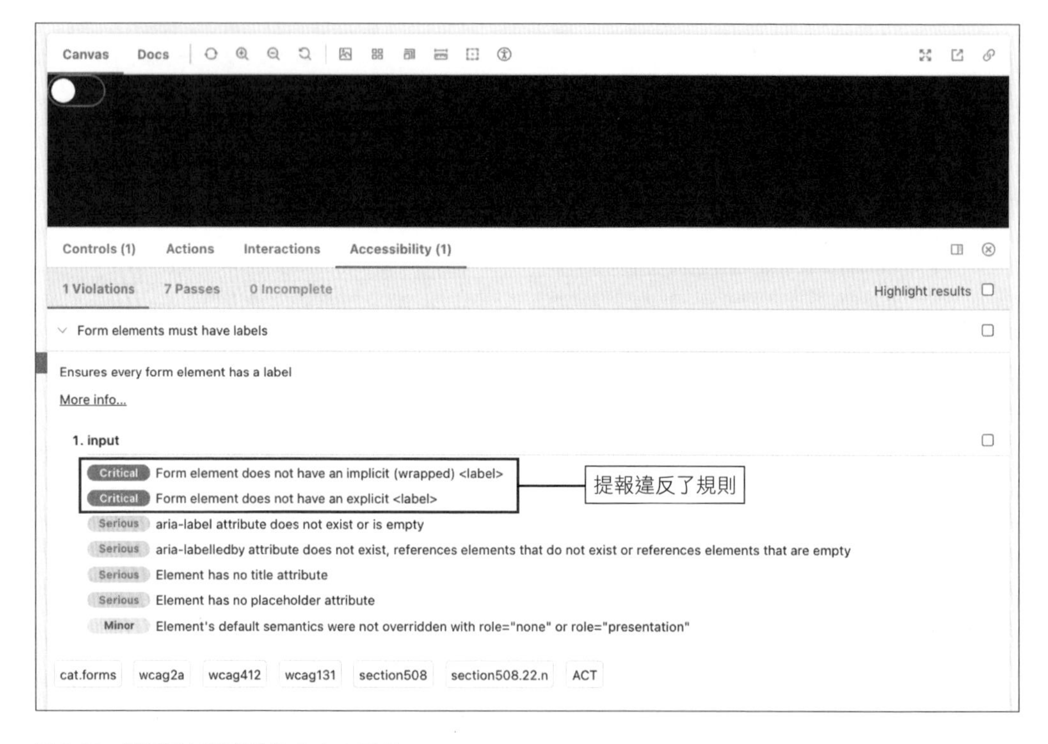

圖8-16　違反了無障礙性的Switch元件

由於應用程式以為使用`<switch>`元件時要一起使用`<label>`元素，因此正確來說我們要做的是「不必套用到整體，而是僅針對該元件的Story使本規則無效」。為此達成以Story檔案為單位的規則無效化，我們得要新增對`export default`的`parameters`進行設定（List 8-27）。

▶ List 8-27　以元件為單位、讓無障礙性規則失效

```typescript
export default {
  component: Switch,
  parameters: {
    a11y: {
      config: { rules: [{ id: "label", enabled: false }] },
    },
  },
} as ComponentMeta<typeof Switch>;

export const Default: Story = {};
```

`rules`裡的規則ID（示範當中是`"label"`）抓取了「axe-core」的Rule Descriptions，我們找出這個規則並進行套用。

- axe-core Rule Descriptions

  URL https://github.com/dequelabs/axe-core/blob/develop/doc/rule-descriptions.md

addon-a11y與axe-core

這個附加元件使用了用來驗證無障礙性的工具「axe」，因此更詳細的設定跟參數請另行參閱axe-core文件說明。

● 使無障礙性驗證失效

想要讓整個無障礙性驗證都失效時，就將`parameters.a11y.disable`設定為`true`（List 8-28）。這跟局部造成規則失效不同，而是直接讓測試目標不必被驗證，倘若真要這麼做，還請謹慎考量後再付諸行動。

▶ List 8-28　使無障礙性驗證失效

```typescript
export default {
  component: Switch,
  parameters: {
    a11y: { disable: true },
  },
} as ComponentMeta<typeof Switch>;

export const Default: Story = {};
```

8-8 Storybook的測試執行器

Storybook的測試執行器可將Story轉換為可執行的「測試」。被轉換為測試的Story會透過Jest與Playwright執行。藉此功能可以執行Storybook的冒煙測試（smoke testing）※8-2。而且因為測試當中包含了先前所講解的「Play function是否順利執行完成」跟「是否有違反無障礙性」等視角，所以這也能用來當作UI元件測試。

● 運用測試執行器進行一般的自動化測試

註冊過的Story必需要跟隨著UI元件一起變更。例如當我們更改了UI元件的Props時，或是依賴的Web API資料有修改時，原本註冊過的Story可能就會在不知不覺當中「壞掉」了。

在執行命令列介面跟持續整合當中使用`@storybook/test-runner`執行測試執行器，就能驗證註冊過的Story有沒有壞掉。一開始先使用下面的指令安裝測試執行器。

```bash
$ npm install @storybook/test-runner --save-dev
```

在npm script註冊執行測試執行器的腳本（script），直接就能開始使用了（List 8-29）。如果您的專案有導入Storybook，記得先註冊好，以備不時之需。

▶ List 8-29　package.json

```json
{
  "scripts": {
    "test:storybook": "test-storybook"
  }
}
```

※8-2　大致驗證有無故障／是否處於可運作狀態的測試。

● 運用測試執行器進行Play function自動化測試

註冊了Play function的Story，會無法跟隨UI元件的變更，導致互動中止、以失敗告終。測試執行器就可以驗證這些被註冊Play function的Story「互動是否可以在不引發任何錯誤之下順利執行到最後」。

我們嘗試更改共同佈局的標頭元件，實驗測試失敗的情況（List 8-30）。這是只有在行動裝置上才能顯示側邊選單的UI元件。按下按鈕後會開啟側邊選單的互動已經註冊在Story裡了。

▶ List 8-30　src/components/layouts/BasicLayout/Header/index.stories.tsx

TypeScript

```
export const SPLoggedInOpenedMenu: Story = {
  storyName: "在SP佈局下開啟側邊選單",
  parameters: {
    ...SPStory.parameters,
    screenshot: {
      ...SPStory.parameters.screenshot,
      delay: 200,
    },
  },
  play: async ({ canvasElement }) => {
    const canvas = within(canvasElement);
    const button = await canvas.findByRole("button", {
      name: "開啟選單",
    });
    await user.click(button);
    const navigation = canvas.getByRole("navigation", {
      name: "導航",
    });
    await expect(navigation).toBeInTheDocument();
  },
};
```

我們如下將`aria-label="導航"`變更為`aria-label="選單"`（故意弄壞）看看（List 8-31）。

▶ List 8-31　/src/components/layouts/BasicLayout/Header/Nav/index.tsx

```typescript
export const Nav = ({ onCloseMenu }: { onCloseMenu: () => void }) => {
  const { pathname } = useRouter();
  return (
    // 將「導航」改為「選單」，執行測試執行器
    <nav aria-label="メニュー" className={styles.nav}>
      <button
        aria-label="關閉選單"
        className={styles.closeMenu}
        onClick={onCloseMenu}
      ></button>
      <ul className={styles.list}>
        <li>
          <Link href={`/my/posts`} legacyBehavior>
            <a
              {...isCurrent(
                pathname.startsWith("/my/posts") &&
                  pathname !== "/my/posts/create"
              )}
            >
              My Posts
            </a>
          </Link>
        </li>
        <li>
          <Link href={`/my/posts/create`} legacyBehavior>
            <a {...isCurrent(pathname === "/my/posts/create")}>Create Post</a>
          </Link>
        </li>
      </ul>
    </nav>
  );
};
```

預先在開發環境當中啟動Storybook，並執行`npm run test:storybook`後，應該就能順利地造成測試失敗才對。這次示範相對單純，倘若想要寫的測試是包含了諸多互動在內的情況時，與其用Testing Library + jest-dom來寫，不如嘗試採行剛剛教學的做法，體會看看可以「透過肉眼來進行確認」的測試寫法應該會發現輕鬆很多。像這種好寫（好理解）的測試，我想正是應用Storybook的優勢。

Viewport的設定無法生效時的因應對策

在撰寫本書（2023年3月）時，有遇到單獨設定給Story的Viewport無法在測試執行器當中生效的問題（https://github.com/storybookjs/test-runner/issues/85）。如果要避免這個問題，可以查看程式碼範本中的issue，對`.storybook/test-runner.js`進行如下的設定（List 8-32）。

▶ List 8-32 .storybook/test-runner.js

JavaScript

```
module.exports = {
  async preRender(page, context) {
    if (context.name.startsWith("SP")) {
      page.setViewportSize({ width: 375, height: 667 });
    } else {
      page.setViewportSize({ width: 1280, height: 800 });
    }
  },
};
```

以SP起首的Story的Viewport都一律變更為SP固定尺寸

除此之外的Story的Viewport則都一律變更為PC固定尺寸

我們針對Viewport，將名稱以SP為首的Story一律設定為「寬375px、高667px」，除此之外的Story則設定為「寬1280px、高800px」。這只是應急，並非上策。要是有開發團隊的成員不知道這個權宜之計，一時大意用SP註冊了Story，可能會覺得「奇怪，怎麼不管怎麼測都不會過」。

● 運用測試執行器進行自動化無障礙性測試

Storybook的測試執行器可以使用Playwright與無頭瀏覽器來執行。所以，Playwright的生態系可以用在測試執行器上。`axe-playwright`是使用了無障礙性驗證工具axe的函式庫，專門用來檢測無障礙性相關的問題。

bash

```
$ npm install axe-playwright --save-dev
```

我們對測試執行器設定檔`.storybook/test-runner.js`，進行`axe-playwright`的設定（List 8-33）。

▶ List 8-33 .storybook/test-runner.js

```javascript
JavaScript
const { getStoryContext } = require("@storybook/test-runner");
const { injectAxe, checkA11y, configureAxe } = require("axe-playwright");

module.exports = {
  async preRender(page, context) {
    if (context.name.startsWith("SP")) {
      page.setViewportSize({ width: 375, height: 667 });
    } else {
      page.setViewportSize({ width: 1280, height: 800 });
    }
    await injectAxe(page); ← 使用了axe驗證的設定
  },
  async postRender(page, context) {
    const storyContext = await getStoryContext(page, context);
    if (storyContext.parameters?.a11y?.disable) {
      return;
    }
    await configureAxe(page, {
      rules: storyContext.parameters?.a11y?.config?.rules,
    });
    await checkA11y(page, "#root", { ← 使用了axe的驗證
      includedImpacts: ["critical"], ← 僅統計等同於'Violations'的錯誤
      detailedReport: false,
      detailedReportOptions: { html: true },
      axeOptions: storyContext.parameters?.a11y?.options,
    });
  },
};
```

預設是連Incomplete也會被算入錯誤。當錯誤太多時，我們可以將includedImpacts設定為critical，如此一來就能只統計等同於Violations的錯誤。這種調整發佈警告程度的做法，相當適合我們想要階段性提升無障礙性時來靈活運用。

8-9 將Story作為整合測試加以運用

如果除了Jest的測試之外，還要提交Story的話，那所衍生的使用成本可能就令人很難不去在意了。兩者都提交、且同時壓低使用成本的方式，就是「將Story作為整合測試加以運用」。倘若您的專案兩者都有提交的話，不妨研究看看這一節會提到的「加以運用」是否符合需求吧。

● 如何將Story加以運用

UI元件測試再執行驗證前需要「**準備狀態**」。事實上那個準備，跟準備Story幾乎是一樣的事情。這是什麼意思呢？就讓我們繼續看下去！下面是AlertDialog的Story（List 8-34）。這跟第8章第3節講解的UI元件一樣，是個依賴Context API的UI元件。這邊要準備專用的createDecorator函式，使其更容易註冊為Story。

▶ List 8-34　src/components/organisms/AlertDialog/index.stories.tsx

TypeScirpt

```
// 註冊Story專用的createDecorator函式
function createDecorator(defaultState?: Partial<AlertDialogState>) {
  return function Decorator(Story: PartialStoryFn<ReactFramework, Args>) {
    return (
      <AlertDialogProvider defaultState={{ ...defaultState, isShown: true }}>
        <Story />
      </AlertDialogProvider>
    );
  };
}
// 實際註冊Story
export const Default: Story = {
  decorators: [createDecorator({ message: "成功" })],
};
```

雖然這個UI元件依賴著AlertDialogProvider，但因為createDecorator函式可以放入初始值的關係，因此可以很輕易就註冊相當多樣化的Story。除此之外，我們也嘗試在範本當中註冊了另外2種Story（List 8-35）。

▶ List 8-35　src/components/organisms/AlertDialog/index.stories.tsx

```
TypeScript
export const CustomButtonLabel: Story = {
  decorators: [
    createDecorator({
      message: "請問是否確定公開文章？",
      cancelButtonLabel: "取消",
      okButtonLabel: "確定",
    }),
  ],
};
export const ExcludeCancel: Story = {
  decorators: [
    createDecorator({
      message: "文章發佈成功",
      cancelButtonLabel: undefined,
      okButtonLabel: "OK",
    }),
  ],
};
```

UI元件依賴著Context API，就表示不能沒有`AlertDialogProvider`。這次測試也跟先前第7章第2節一樣，每次測試在渲染時都得要準備`AlertDialogProvider`。而這就是本節一開始提到的**準備狀態**。明明已經註冊好的Story就已經都備妥`createDecorator`函式了，卻還要另外重新準備，是否有股「這是不是同樣的事情做兩次？」的感受，對吧？於是當我們加以運用Story，就意謂著**將已備妥的Story拿來當作測試目標**。

● 匯入Story並當作測試目標

為了要能將Story匯入（加以運用在）測試，就得仰賴專用函式庫`@storybook/testing-react`。

```
bash
$ npm install --save-dev @storybook/testing-react
```

首先在下方測試檔案的第三行匯入Story檔案（List 8-36）。然後只需要宣告`composeStories(stories)`，就完成測試的準備了。渲染Story之後已經直接寫好了斷言，因此就能將「Story當成是測試的一部分」。

▶ List 8-36 src/components/organisms/AlertDialog/index.test.tsx

將Story檔案彙入Jest測試裡

TypeScript

```
import { composeStories } from "@storybook/testing-react";
import { render, screen } from "@testing-library/react";
import * as stories from "./index.stories";
const { Default, CustomButtonLabel, ExcludeCancel } = composeStories(stories);
describe("AlertDialog", () => {
  test("Default", () => {
    render(<Default />);
    expect(screen.getByRole("alertdialog")).toBeInTheDocument();
  });
  test("CustomButtonLabel", () => {
    render(<CustomButtonLabel />);
    expect(screen.getByRole("button", { name: "OK" })).toBeInTheDocument();
    expect(screen.getByRole("button", { name: "CANCEL" })).toBeInTheDocument();
  });
  test("ExcludeCancel", () => {
    render(<ExcludeCancel />);
    expect(screen.getByRole("button", { name: "OK" })).toBeInTheDocument();
    expect(
      screen.queryByRole("button", { name: "CANCEL" })
    ).not.toBeInTheDocument();
  });
});
```

渲染Story（render(<Default />)）

渲染Story（render(<CustomButtonLabel />)）

渲染Story（render(<ExcludeCancel />)）

● 跟@storybook/test-runner有什麼不同

「一次就能執行完測試跟註冊Story，較為省事」的做法，跟在前一小節（第8章第8節）講解透過測試執行器的做法（在Story的Play function裡寫斷言）很像。哪一種做法比較適合，就依照測試的目的性來雙雙比較過再決定囉！

使用Jest來加以運用Story的優勢

- 可以寫出需要模擬模組跟Spy的測試（使用Jest模擬函式）
- 執行速度較快（不必用到無頭瀏覽器）

測試執行器的優勢

- 不必額外準備測試檔案（較省事）
- 忠實度較高（會用到瀏覽器，可以指定串接樣式表進行重現）

第 9 章

視覺回歸測試

9-1 為什麼需要視覺回歸測試

9-2 使用 reg-cli 比較圖片

9-3 導入 Storycap

9-4 導入 reg-suit

9-5 準備外部儲存服務

9-6 讓 reg-suit 與 GitHub Actions 連動

9-7 運用視覺回歸測試來積極進行重構

9-1 為什麼需要視覺回歸測試

本節將會講解為什麼需要視覺回歸測試（Visual Regression Test，VRT），以及為什麼需要針對每個UI元件來執行。

● 檢測樣式變化的難處

透過串接樣式表（CSS）定義的樣式，是從堆疊的屬性中計算出來的。所套用的屬性也並非透過「細膩度」或「匯入順序」而定，還會受到全域定義的影響。為此，我們雖然得要透過瀏覽器來以視覺方式確認「外觀變化」，但要判斷這些變化是否影響到所有頁面是非常困難的。修改／刪除已有的定義可能會導致降級問題。對這情況的應對方法之一是選擇「不觸碰既有的定義」，但這是消極的做法。無法進行重構的不健康CSS定義可能會淪為一種臨時性的堆疊。

單頁應用程式（SPA）的基本概念是運用小型共用UI元件來建構畫面顯示。使用UI元件建構畫面的流程有點像是堆疊積木，這稱為「元件導向」。元件導向不僅可以集中管理邏輯，還可以集中管理可能重複的樣式定義。雖然這可能為建構畫面一事帶來紀律，卻也會造成許多畫面都依賴著共用UI。換句話說，更改共用UI的樣式，就會影響到許多畫面。就算是元件導向，依然很難重構CSS。

● 外觀上的降級問題沒辦法透過快照測試防範嗎？

第5章第8節的「快照測試」是用來檢測外觀降級問題的選項之一。倘若用來決定外觀的「class」屬性出了差錯，我們都會發現外觀上的影響。可是這樣還不夠。當存在著的全域指定的CSS時，全域指定的變化就不會出現在快照測試裡。這跟「單元測試找不到的問題，在整合測試發現了」是一樣的情況。

此外，有使用CSS Modules時，CSS的指定內容也不會出現在快照測試。因此就比對HTML輸出結果的快照測試來說，真的還差得遠呢！

snapshot

```
exports[`Snapshot`] = `
<div>
  <select
    class="module"   ← 無法驗證CSS指定內容
    data-theme="dark"
    data-variant="medium"
  />
</div>
`;
```

● 我們還有視覺回歸測試這招

最值得信任的還是實際渲染到瀏覽器並進行確認。將測試目標渲染到瀏覽器並拍攝「螢幕截圖」，聽起來還不賴，對吧！ 比較從某個時間點到另一個時間點為止的「螢幕截圖」，並以像素為單位來檢測差異。而這就是視覺回歸測試的基本概念。

視覺回歸測試是使用Chromium等瀏覽器的無頭模式來執行。無頭瀏覽器大都會跟E2E測試框架綁在一起，且一般來說E2E測試框架的標準功能當中也都具備了視覺回歸測試功能。這時候要比較的是「以頁面為單位的截圖」。使用無頭瀏覽器請求畫面顯示，當畫面切換完成後再拍攝螢幕截圖。將所有的頁面顯示畫面都拍攝好截圖，就能檢測出樣式變更前後的差異了。

相互比較樣式變更前後的圖片，就能找出哪個畫面受到了影響。可是，這樣的比較是相當粗略的。假設我們變更了公用UI「次標題」的留白部分，當這個次標題出現的位置是在螢幕上方時，次標題以下的所有範圍都將會變成是產生差異的部分。倘若此時畫面上還有「次標題以外」的變更時，要再找出哪裡有什麼不同應該是相當困難的吧（圖9-1）。

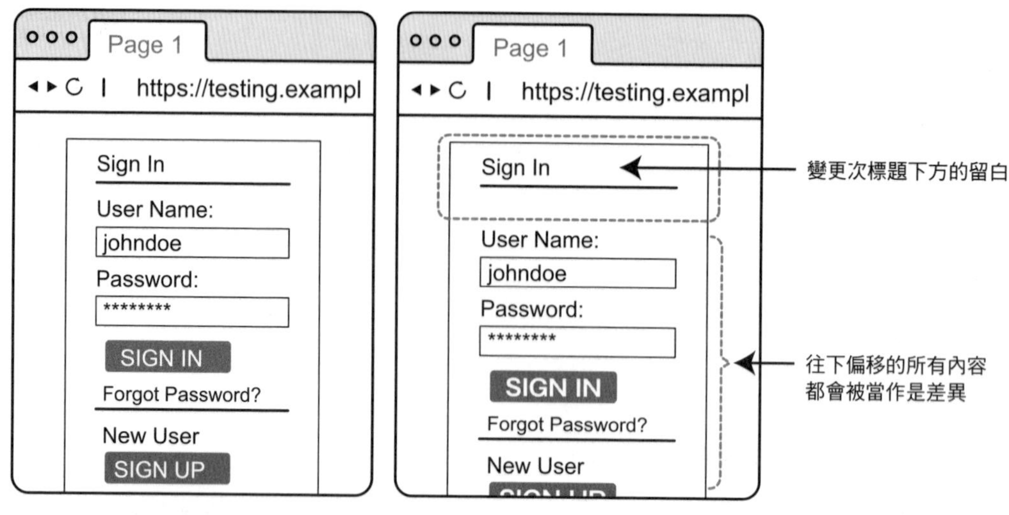

圖 9-1　沒有釐清差異的視覺回歸測試結果

能有效解決這個問題的，就是「以UI元件為單位」的視覺回歸測試了。當螢幕截圖是以UI元件為單位時，就能找出受到影響的「中密度UI元件」。如此一來，就算是按鈕被放置的位置以下的區域也能檢測出差異了。而支撐著視覺回歸測試的基礎正是第8章所介紹的「Storybook」。事先將小密度UI元件、中密度UI元件註冊為Story，就能跨越元件總管的框架，將其作為視覺回歸測試的基礎來進行應用了。

9-2 使用reg-cli比較圖片

剛剛提到Storybook有潛力成為視覺回歸測試的平台。本書針對視覺回歸測試框架主要會使用「reg-suit」進行講解，不過就算沒使用AWS S3這種真實的儲存貯體(bucket)，在本地也能執行視覺回歸測試。一開始我們先以reg-suit核心功能「reg-cli」來體驗怎麼比較圖片吧。

● 準備目錄

建立練習專用目錄vrt，並在裡面建立reg-cli需要的3個目錄：actual、expected、diff。

```bash
$ mkdir vrt && cd vrt
$ mkdir {actual,expected,diff}
```

reg-cli會指定「舊圖與新圖」的目錄，並檢測當中有無圖片／有無差異。actual、expected、diff的命名雖然是可以自由變更，不過基本上就是比較actual跟expected之後，將結果輸出到diff的架構。

- actual：舊圖片的目錄
- expected：新圖片的目錄
- diff：檢測出差異的圖片目錄

● 檢測新圖片

再來就準備用來比較的圖片吧！這邊我們使用reg-cli儲存庫內的範本圖片（圖9-2）。

URL https://github.com/reg-viz/reg-cli/blob/master/sample/actual/sample.png

圖9-2　用來比較差異的範本畫面

將這張圖放到actual/sample.png，試著執行看看下面的指令吧！然後我們就可以看到有份報告輸出，告訴我們**新圖「expected」目錄當中找到1筆不存在的圖片**。

```bash
$ npx reg-cli actual expected diff -R index.html
✚ append  actual/sample.png
✚ 1 file(s) appended.
```

開啟-R option所指定的HTML報告檔，就能查看如下的總管畫面（圖9-3）。reg-cli／reg-suit就是使用Web瀏覽器所顯示的檔案總管來確認圖片的差異。

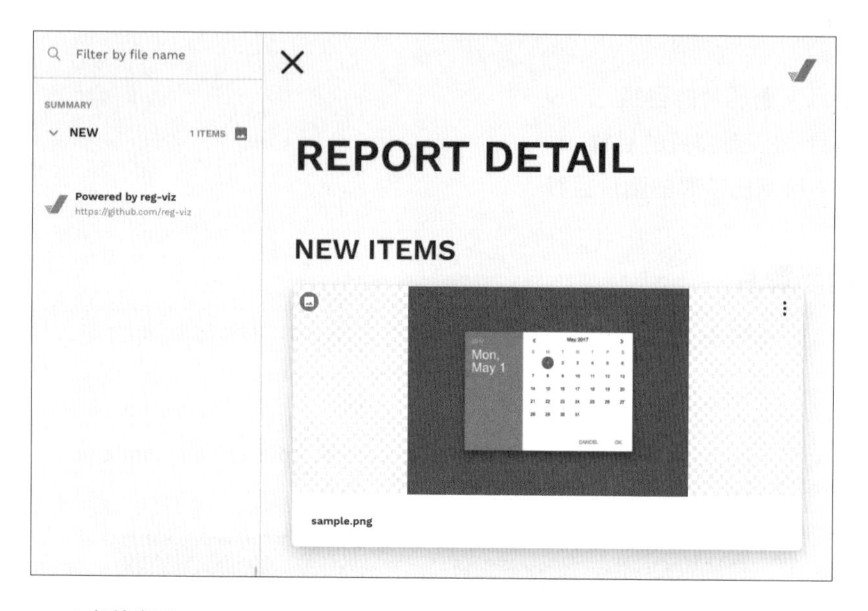

圖9-3　reg-suit起始畫面

● 建立並比較圖片差異

刻意製造圖片的差異，來看看怎麼樣才能檢測出差異吧！首先將actual/sample.png的圖片複製到expected/sample.png。然後使用圖片編輯軟體開啟expected/sample.png，對圖片進行刻意地修改。

此時再次執行reg-cli指令，這次報告則是寫到**新圖「expected」目錄當中找到1筆有差異的圖片**。

```bash
$ npx reg-cli actual expected diff -R index.html
✘ change  actual/sample.png
✘ 1 file(s) changed.
Inspect your code changes, re-run with `-U` to update them.
```

重新載入HTML報告檔，就會顯示跟剛才不同的畫面了。可以看到檢測到有差異的位置會被塗上「紅色」(圖9-4)。

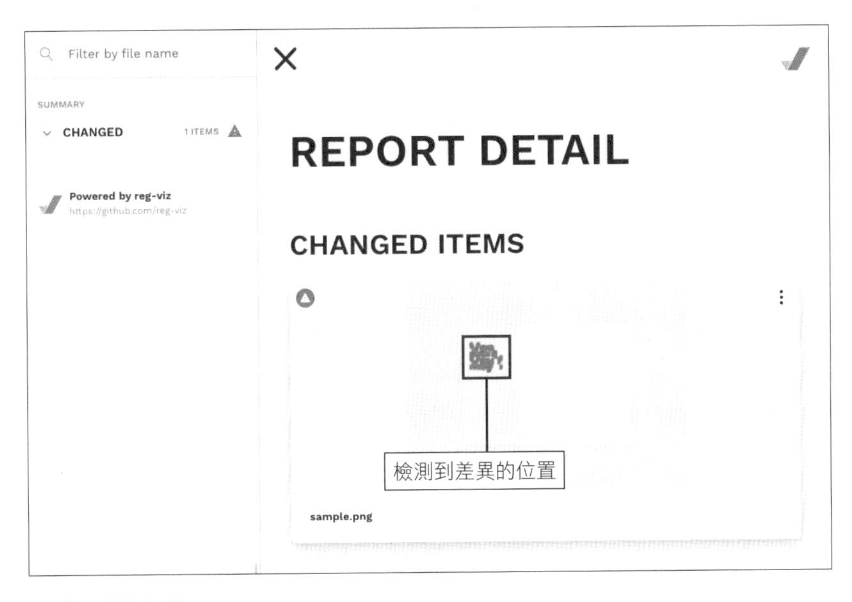

圖9-4　檢測差異時的畫面

點擊這個物件，就能如下圖顯示差異比較畫面。可以看到刻意修改的部分是移動了「Mon,May 1」的位置，且該處正被「紅框」圈起來（圖9-5）。按下「Diff／Slide／2up／Blend／Toggle」切換按鈕、移動中間的滑桿，就能看到哪裡有出現差異囉！

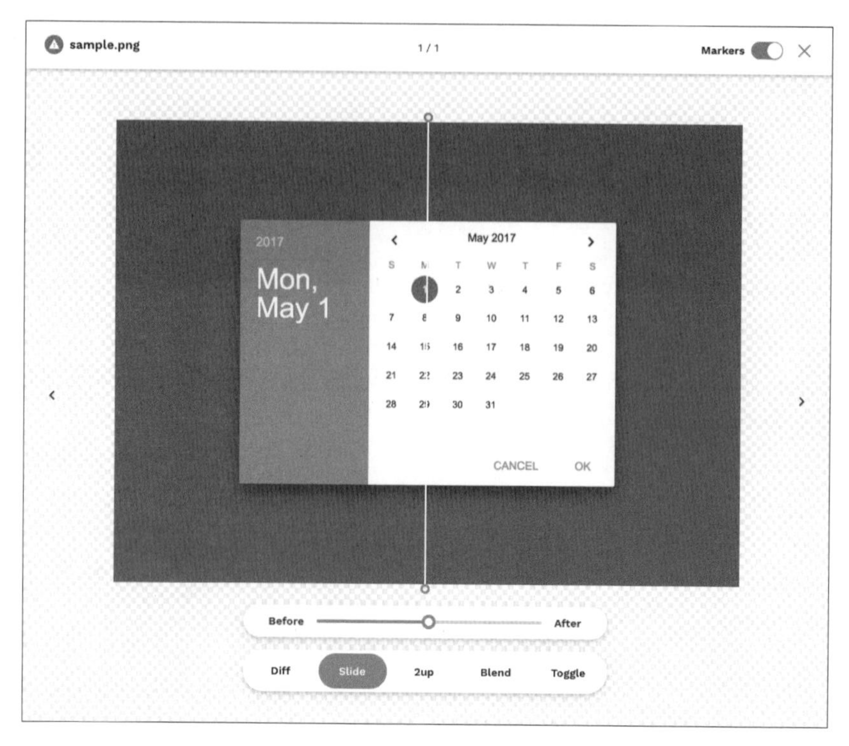

圖9-5　檢測到的差異細節

reg-cli會比較2個目錄，並將差異輸出為報告。在持續整合環境當中下載圖片目錄、或者是上傳報告的功能都已經整併在reg-suit裡面了。細節稍後會在第9章第4節提及。

9-3 導入Storycap

這邊要使用第8章第1節「Storybook基本介紹」建立的Storybook初始範本，來體驗看看Storybook的視覺回歸測試。要先安裝Storycap，這是用來拍攝註冊在Storybook的Story圖片的小工具。雖然它也是以reg-suit為中心的生態系的「reg-viz」其中之一，但由於跟reg-suit的外掛不一樣，所以需要額外安裝。

```bash
$ npm install storycap --save-dev
```

● 設定Storycap

接下來要在Storybook設定檔裡做好Storycap需要的設定。需要變更的檔案在下面2的位置（List 9-1，List 9-2）。在這狀態下，專案裡所有的Story檔案以及註冊過的Story都會是「截圖對象＝視覺回歸測試目標」。

▶ List 9-1　.storybook/preview.js

```javascript
import { withScreenshot } from "storycap";
export const decorators = [withScreenshot];
```

▶ List 9-2　.storybook/main.js

```javascript
module.exports = {
  addons: [
    〜〜〜 中略（指定其他addons）〜〜〜
    "storycap",
  ],
};
```

● 執行Storycap

在拍攝Story的截圖之前，需要事先建構好Storybook。之前我們透過npm run storybook所啟動的Storybook，都等同於開發環境的伺服器。雖然在開發伺服器中也能執行Storycap，但考量到使用建構完成的Storybook的回應比較快速，所以我們還是決定先行建構。註冊好下方的npm scripts後，使用npm run storybook:build來執行建構（List 9-3）。

▶ List 9-3　package.json

```json
{
  〜〜〜 中略 〜〜〜
  "scripts": {
    "storybook:build": "build-storybook",
```

```
    "storycap": "storycap --serverCmd \"npx http-server storybook-static➡
 -p 6006\" http://localhost:6006"
  }
}
```

執行了npm run storycap後，剛剛建構的Storybook就會以靜態網站的方式被啟動，開始進行所有的Story截圖。而Storybook的初始範本當中包含了有8個Story。

```bash
info Screenshot stored: __screenshots__/Example/Button/Secondary.png ➡
in 477 msec.
info Screenshot stored: __screenshots__/Example/Button/Large.png in 479 ➡
msec.
info Screenshot stored: __screenshots__/Example/Button/Default.png in 493 ➡
msec.
info Screenshot stored: __screenshots__/Example/Button/Small.png in 493 ➡
msec.
info Screenshot stored: __screenshots__/Example/Header/Logged Out.png ➡
in 163 msec.
info Screenshot stored: __screenshots__/Example/Header/Logged In.png ➡
in 182 msec.
info Screenshot stored: __screenshots__/Example/Page/Logged Out.png ➡
in 207 msec.
info Screenshot stored: __screenshots__/Example/Page/Logged In.png in 222 ➡
msec.
info Screenshot was ended successfully in 47912 msec capturing 8 PNGs.
✨  Done in 48.84s.
```

執行完成之後，Story的截圖會被儲存到__screenshots__目錄裡。這時的截圖是「期望值」，因此我們將__screenshots__目錄名稱更改為expected。

```bash
$ mv __screenshots__ expected
```

● 刻意製造外觀上的降級問題

接著要來變更CSS，造成外觀降級問題。下面的CSS是所有Story都有用到的按鈕元件CSS。我們將border-radius: 3em;標記為註解，拿掉按鈕的圓角（List 9-4）。

▶ List 9-4　stories/button.css

```css
.storybook-button {
  font-family: "Nunito Sans", "Helvetica Neue", Helvetica, Arial, sans-serif;
  font-weight: 700;
  border: 0;
  /* border-radius: 3em; */ ◀──── 標記為註解
  cursor: pointer;
  display: inline-block;
  line-height: 1;
}
```

變更完成之後要再次建構Storybook，然後要重新再拍攝一次Story截圖。此時樣式變更後的Story截圖會被儲存在__screenshots__裡，讓我們順手將名稱改為actual。

```bash
$ npm run storybook:build
$ npm run storycap
$ mv __screenshots__ actual
```

● 使用reg-cli偵測圖片差異

準備至此，就可以向前一小節一樣運用reg-cli來檢測圖片差異了。

```bash
$ npx reg-cli actual expected diff -R index.html
```

於是，8個Story都檢測到有差異了。

```bash
✘  change  actual/Example/Button/Default.png
✘  change  actual/Example/Page/Logged Out.png
✘  change  actual/Example/Page/Logged In.png
✘  change  actual/Example/Header/Logged Out.png
✘  change  actual/Example/Header/Logged In.png
✘  change  actual/Example/Button/Small.png
✘  change  actual/Example/Button/Secondary.png
✘  change  actual/Example/Button/Large.png
```

```
✘ 8 file(s) changed.

Inspect your code changes, re-run with `-U` to update them.
```

開啟HTML報告確認看看差異內容吧！所有按鈕的圓角都不見了，確實所有的元件都已經受到影響（圖9-6）。此外，不妨也可以嘗試針對Storybook初始範本進行更多修改，並應用剛剛學會的技巧來檢測差異。

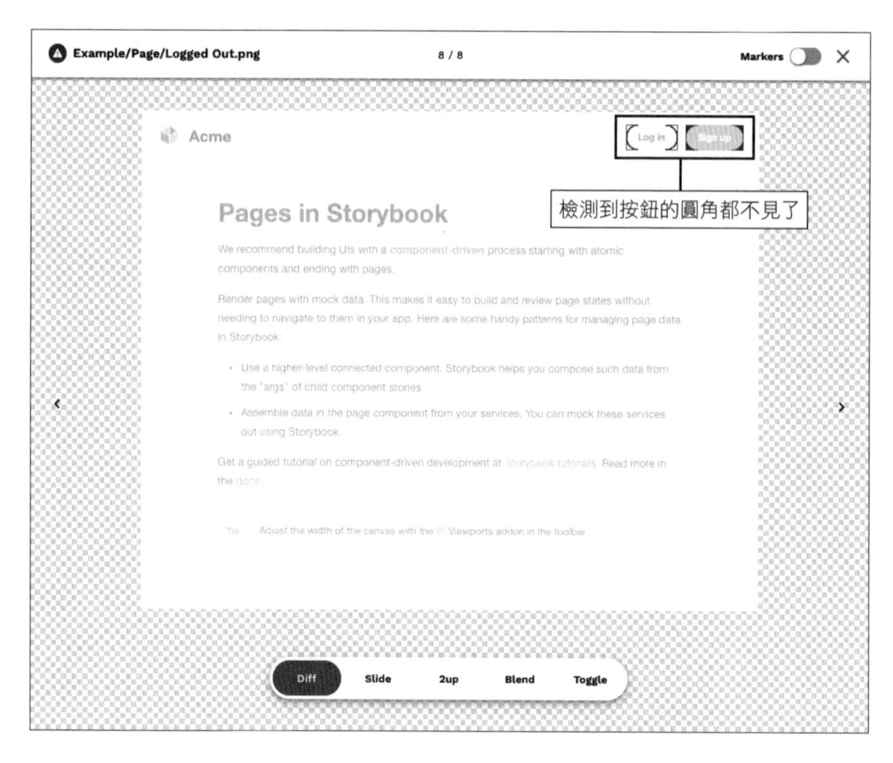

圖9-6　檢測到按鈕的圓角都不見了

本節當中體驗到了透過刻意改變CSS時，使用Storybook的視覺回歸測試基本上會是什麼情況。在正式情況當中，這裡學到的技巧就能為各位檢測出「因為修改CSS而出現意料之外的影響」。由於是以Story為單位拍攝截圖，因此當Storybook越豐富，效果或許就會越好。

9-4 導入reg-suit

前面講解了使用reg-cli、在本地環境執行的視覺回歸測試。而本節要分享的是讓視覺回歸測試變成自動化，與GitHub進行連動。跟GitHub連動的話，每次push儲存庫時※9-1就會截圖主題分支（topic branch）Storybook並進行比較，如此一來就會自動收到報告，得知想要修改的內容會產生什麼樣的圖片差異（圖9-7）。

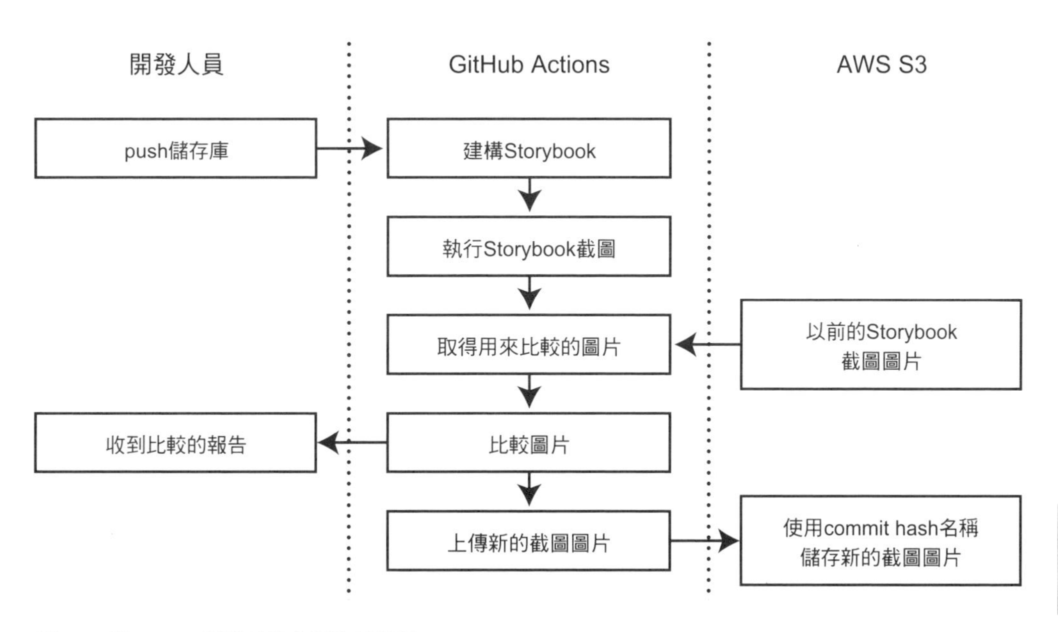

圖9-7　與GitHub連動時的截圖比較流程

※9-1　雖然範本是設定為每次push都會執行，但其實可以自由設定要執行的時間點。

● 導入 reg-suit

移動到專案儲存庫的路徑，執行`npx reg-suit init`（如果已經有在開發環境當中為reg-suit執行過全域安裝，用`reg-suit init`也可以）。

```bash
$ cd path/to/your/project
$ npx reg-suit init
```

接著就會出現詢問我們想要導入哪個外掛的問題。直接維持預設選擇3個項目，按下Enter鍵。

```bash
? Plugin(s) to install (bold: recommended) (Press <space> to select, ➡
<a> to toggle all, <i> to invert selection, and <enter> to proceed)
>◉  reg-keygen-git-hash-plugin : Detect the snapshot key to be compare ➡
with using Git hash.
 ◉  reg-notify-github-plugin : Notify reg-suit result to GitHub repository
 ◉  reg-publish-s3-plugin : Fetch and publish snapshot images to AWS S3.
 ○  reg-notify-chatwork-plugin : Notify reg-suit result to Chatwork ➡
channel.
 ○  reg-notify-github-with-api-plugin : Notify reg-suit result to GHE ➡
repository using API
 ○  reg-notify-gitlab-plugin : Notify reg-suit result to GitLab repository
 ○  reg-notify-slack-plugin : Notify reg-suit result to Slack channel.
```

這些外掛程式是為了方便在各種持續整合的環境下去導入reg-suit。`reg-keygen-git-hash-plugin`與`reg-publish-s3-plugin`則是在遠端環境中用來執行畫面比較的外掛。使用commit hash值所命名的「一組快照／驗證結果報告」會轉寄到外部檔案儲存服務（AWS S3）。會自動檢測主題分支源頭的的父提交，並且將提交時的那組快照作為期待值，進行不同次提交之間的圖片差異檢測（圖9-8）。

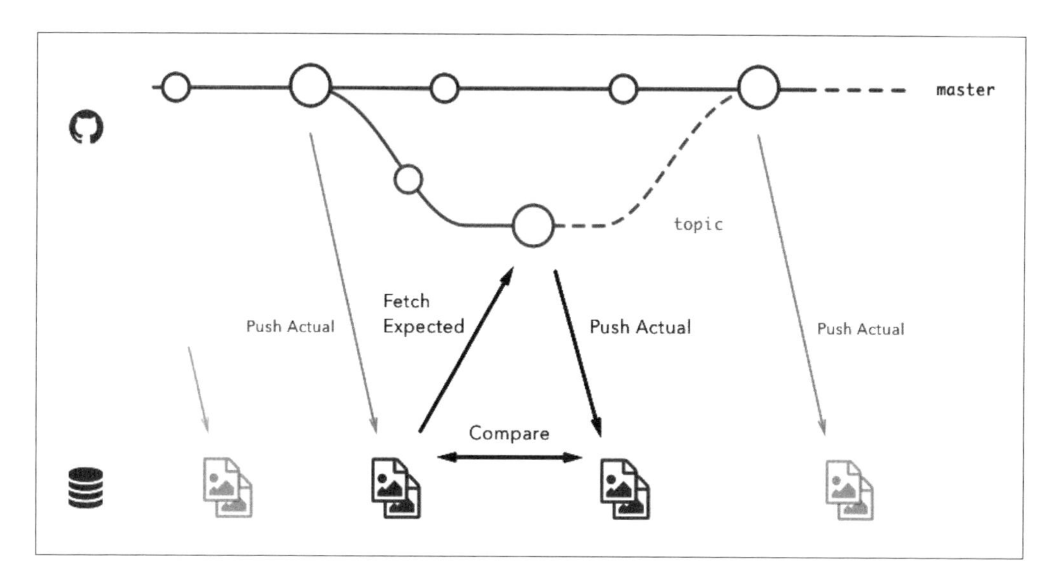

圖 9-8　比較不同次提交的圖片差異 ※9-2

外部檔案儲存服務除了AWS S3之外，也有可以直接串連Google Cloud Storage（GCS）的外掛程式供選擇。

如果有`reg-notify-github-plugin`可以將驗證結果告知拉取請求，就有機會在日常的workflow當中導入視覺回歸測試。此外，也有專門給GitLab專案使用的通知外掛、透過聊天工具發佈通知的外掛。

● reg-suit設定檔的輸出

接下來要回答幾個問題。

```bash
# 使用預設的.reg按下Enter鍵
? Working directory of reg-suit. .reg
# 將輸出Storycap的位置指定為__screenshots__
? Directory contains actual images. __screenshots__
# 指定比較圖片時的臨界值落在0到1之間。暫時先以預設值`0`按下Enter鍵
? Threshold, ranges from 0 to 1. Smaller value makes the comparison more ➡
sensitive. 0
# 要將reg-suit GitHub App安裝到儲存庫，Yes
```

※9-2　出處：https://github.com/reg-viz/reg-suit

```
? notify-github plugin requires a client ID of reg-suit GitHub app. Open ➡
installation window in your browser Yes
# 後續講解當中會手動設定、所以輸入空值
? This repository client ID of reg-suit GitHub app
# 儲存貯體也會稍後講解，No
? Create a new S3 bucket No
# 後面講解時會建立儲存貯體，這邊輸入空值
? Existing bucket name
# 要覆寫設定檔，Yes
? Update configuration file Yes
# 不需要圖片範本，No
? Copy sample images to working dir No
```

中途以Yes回答了reg-notify-github-plugin的問題後，瀏覽器就會啟動。這是由於reg-suit所提供的GitHub App安裝與儲存庫互相連動的關係。安裝後bot就會將驗證結果告知拉取請求。

按下紅色的「Configure」按鈕就會引導到連動儲存庫的畫面，我們選擇要導入視覺回歸測試的儲存庫。完成連動之後，就會像下方截圖一樣在畫面上顯示我們所選擇的儲存庫（圖9-9）。

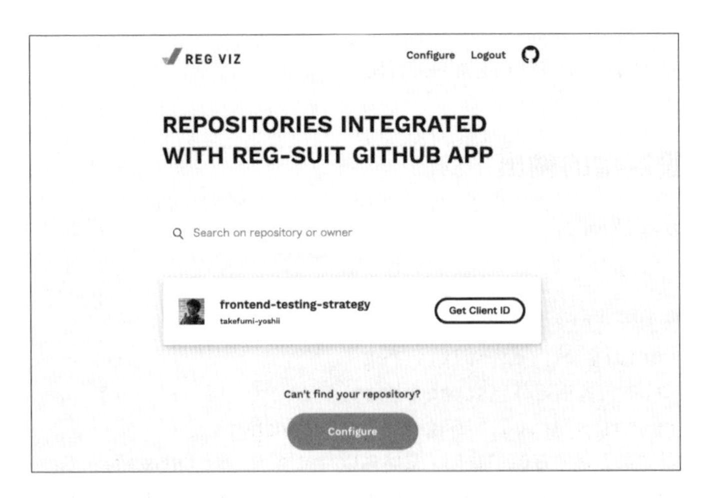

圖9-9　取得reg-suit的Client ID

按下儲存庫的「Get Client ID」後，就會開啟互動視窗（圖9-10）。由於這個Client ID在稍後的講解當中會當作環境變數來進行設定，因此這邊我們就按下「Copy to clipboard」按鈕，先保留在剪貼簿。

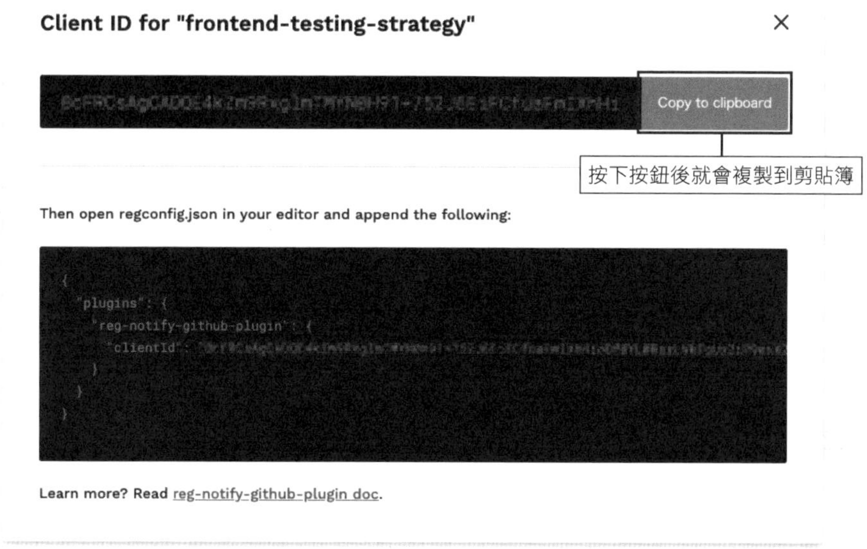
Client ID for "frontend-testing-strategy"
Copy to clipboard
按下按鈕後就會複製到剪貼簿
Then open regconfig.json in your editor and append the following:
"plugins": {
"reg-notify-github-plugin": {
"clientId":
Learn more? Read reg-notify-github-plugin doc.

圖9-10　確認reg-suit的Client ID

● 取得Client ID

完成安裝後，就會輸出reg-suit的設定檔 `regconfig.json`。開啟檔案，在 `clientId` 輸入 `"$REG_NOTIFY_CLIENT_ID"`、並且在 `busketName` 輸入 `"$AWS_BUCKET_NAME"`（List 9-5）。先指定好的話就能抓取到執行GitHub Actions時的環境變數。至於環境變數稍後會再設定。

▶ List 9-5　regconfig.json

```json
{
  "core": {
    "workingDir": ".reg",
    "actualDir": "__screenshots__",
    "thresholdRate": 0,
    "ximgdiff": {
      "invocationType": "client"
    }
  },
  "plugins": {
```

```
    "reg-keygen-git-hash-plugin": {},
    "reg-notify-github-plugin": {
      "prComment": true,
      "prCommentBehavior": "default",
      "clientId": "$REG_NOTIFY_CLIENT_ID"  ←  另行將值設定到GitHub Secrets
    },
    "reg-publish-s3-plugin": {
      "bucketName": "$AWS_BUCKET_NAME"  ←  另行將值設定到GitHub Secrets
    }
  }
}
```

● 實際運行時的臨界值設定

Flaky測試（幾乎不會失敗的測試）是在實際運行時的自動化視覺回歸測試。這是因為當瀏覽器上有多個圖層被合成時，會透過執行反鋸齒處理來檢測出差異的關係。

遇到Flaky測試時，我們可以研究是否要放寬差異檢測的臨界值。調整thresholdRate（有差異的像素數量佔整體的比例）跟thresholdPixel（有差異的像素的絕對值），找出可以穩定運行的臨界值吧（List 9-6）！

▶ List 9-6　regconfig.json

```json
{
  "core": {
    "workingDir": ".reg",
    "actualDir": "__screenshots__",
    "thresholdPixel": 50,  ←  容許檢測出來的差異的臨界值
    "ximgdiff": {
      "invocationType": "client"
    }
  }
}
```

9-5 準備外部儲存服務

我們打算將「一組快照／驗證結果報告」存放在外部儲存服務的儲存貯體。由於剛剛選了`reg-publish-s3-plugin`，所以這次我們就在AWS S3建立儲存貯體。基於練習考量，這裡會介紹最簡便的方法。在各位的專案當中如果需要正式導入時，務必以團隊的立場審慎評估查看權限和存取權等是否得宜。

● 建立儲存貯體

登入AWS管理主控台，建立新的S3儲存貯體。為了讓reg-suit的GitHub App可以將驗證結果報告傳送到剛剛建立的儲存貯體、以及可以查看報告，我們要設定部分的權限。先在「物件擁有權」中啟用ACL（圖9-11）。

圖9-11　建立儲存貯體

第9章 視覺回歸測試

而在「此儲存貯體的封鎖公開存取設定」，則請如下取消部分選項的勾選（9-12）。

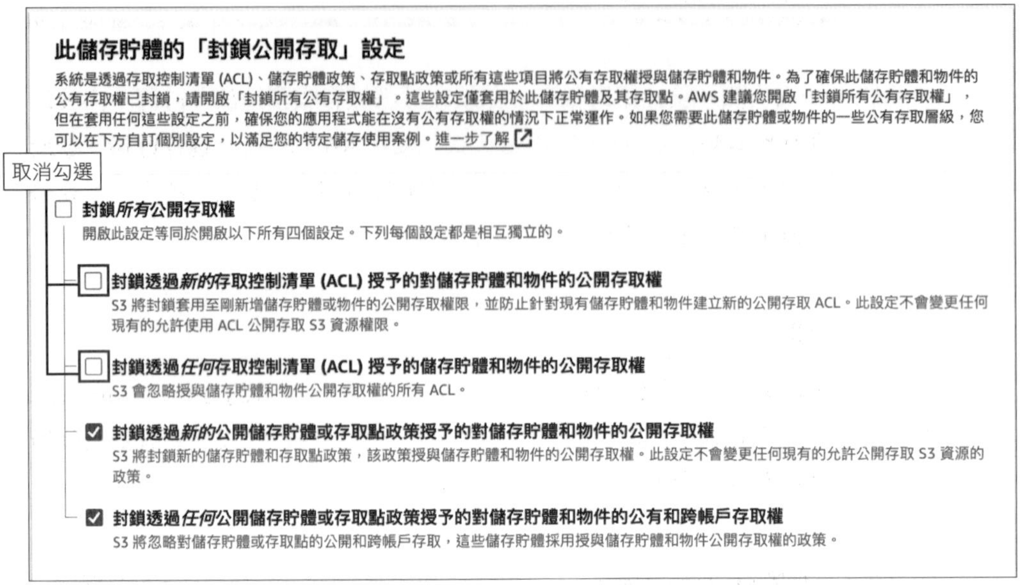

此儲存貯體的「封鎖公開存取」設定

系統是透過存取控制清單 (ACL)、儲存貯體政策、存取點政策或所有這些項目將公有存取權授與儲存貯體和物件。為了確保此儲存貯體和物件的公有存取權已封鎖，請開啟「封鎖所有公有存取權」。這些設定僅套用於此儲存貯體及其存取點。AWS 建議您開啟「封鎖所有公有存取權」，但在套用任何這些設定之前，確保您的應用程式能在沒有公有存取權的情況下正常運作。如果您需要此儲存貯體或物件的一些公有存取層級，您可以在下方自訂個別設定，以滿足您的特定儲存使用案例。進一步了解

取消勾選

☐ **封鎖*所有*公開存取權**
開啟此設定等同於開啟以下所有四個設定。下列每個設定都是相互獨立的。

☐ **封鎖透過*新的*存取控制清單 (ACL) 授予的對儲存貯體和物件的公開存取權**
S3 將封鎖套用至剛新增儲存貯體或物件的公開存取權限，並防止針對現有儲存貯體和物件建立新的公開存取 ACL。此設定不會變更任何現有的允許使用 ACL 公開存取 S3 資源權限。

☐ **封鎖透過*任何*存取控制清單 (ACL) 授予的儲存貯體和物件的公開存取權**
S3 會忽略授與儲存貯體和物件公開存取權的所有 ACL。

☑ **封鎖透過*新的*公開儲存貯體或存取點政策授予的對儲存貯體和物件的公開存取權**
S3 將封鎖新的儲存貯體和存取點政策，該政策授與儲存貯體和物件的公開存取權。此設定不會變更任何現有的允許公開存取 S3 資源的政策。

☑ **封鎖透過*任何*公開儲存貯體或存取點政策授予的對儲存貯體和物件的公有和跨帳戶存取權**
S3 將忽略對儲存貯體或存取點的公開和跨帳戶存取，這些儲存貯體採用授與儲存貯體和物件公開存取權的政策。

圖9-12　此儲存貯體的封鎖公開存取設定

● 使用IAM建立使用者

再來，我們要使用IAM建立存取儲存貯體的使用者。

輸入任意的使用者名稱，勾選「存取金鑰 - 透過程式進行存取」（圖9-13）。

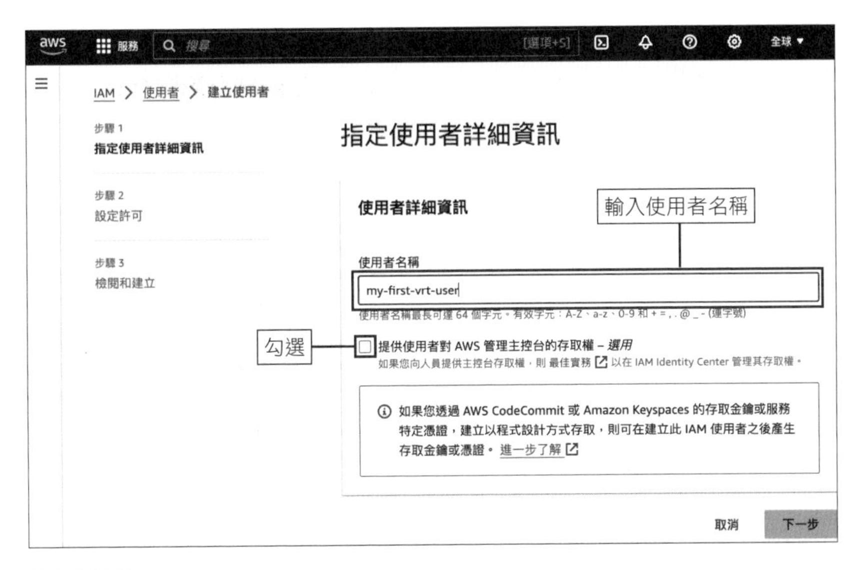

圖 9-13　建立使用者

將使用者新增到 AmazonS3FullAccess 權限當中可以存取 S3 儲存貯體的群組裡（圖 9-14）。

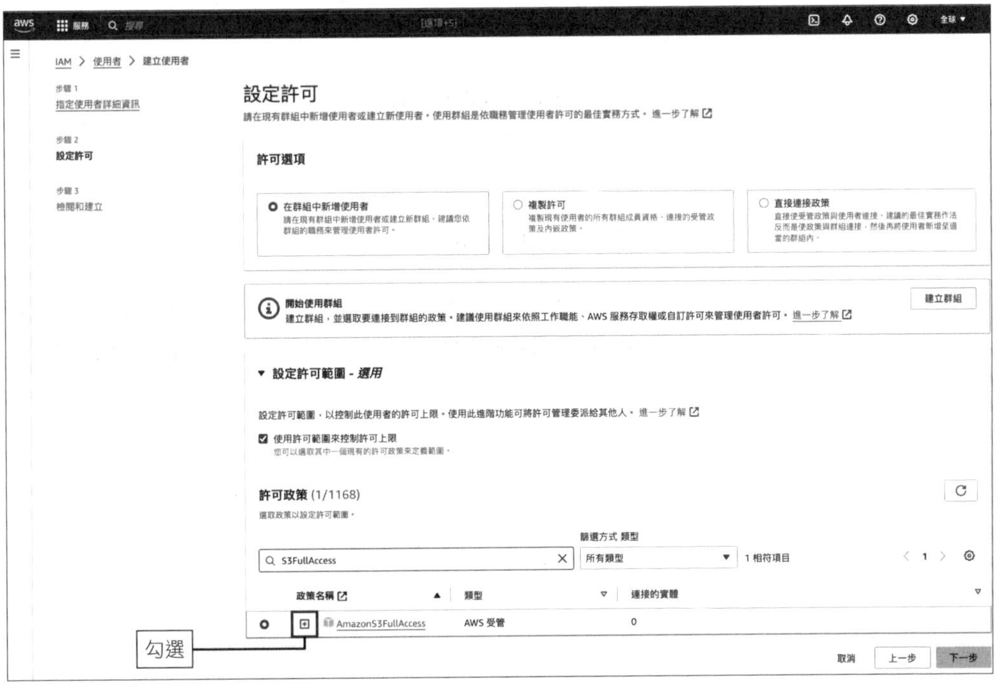

IAM > 使用者 > 建立使用者

步驟 1 指定使用者詳細資訊

步驟 2 設定許可

步驟 3 檢閱和建立

設定許可

請在現有群組中新增使用者或建立新使用者。使用群組是依職務管理使用者許可的最佳實務方式。 進一步了解

許可選項

在群組中新增使用者

複製許可

直接連接政策

開始使用群組

建立群組

設定許可範圍 - 選用

使用許可範圍來控制許可上限

許可政策 (1/1168)

S3FullAccess

所有類型

1 相符項目

政策名稱 | 類型 | 連接的實體

AmazonS3FullAccess | AWS 受管 | 0

勾選

取消　上一步　下一步

圖 9-14　設定許可

在最後的確認畫面上，會顯示存取金鑰ID與私密存取金鑰（圖9-15）。我們也將此畫面上的金鑰放到剪貼簿內。**請注意絕對不能將存取金鑰提交到儲存庫。**

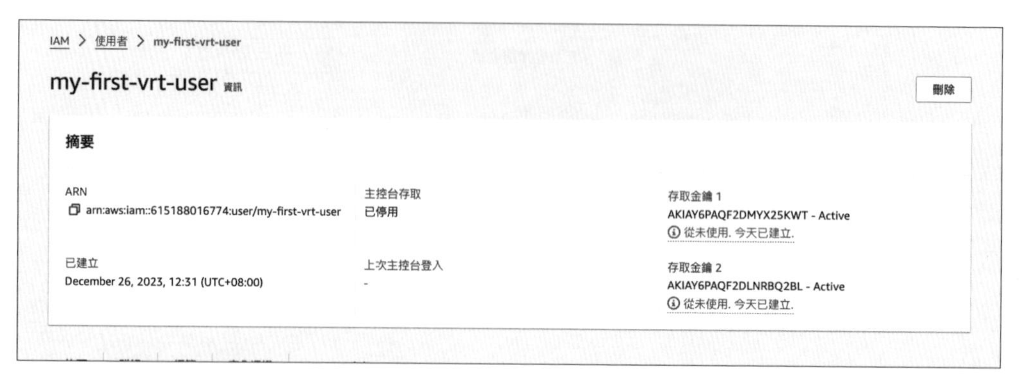

圖9-15　取得存取金鑰

9-6 讓reg-suit與GitHub Actions連動

終於來到了要與GitHub Actions連動的環節了。建立拉取請求後，就會自動執行視覺回歸測試。然後驗證結果也會自動送到拉取請求。

● 在Actions Secrets內設定憑證資訊

我們要在儲存庫的Actions Secrets內設定先前所預留再剪貼簿的憑證資訊。開啟儲存庫的「Settings > Secrets > Actions」、按下「New repository secret」按鈕（圖9-16）。

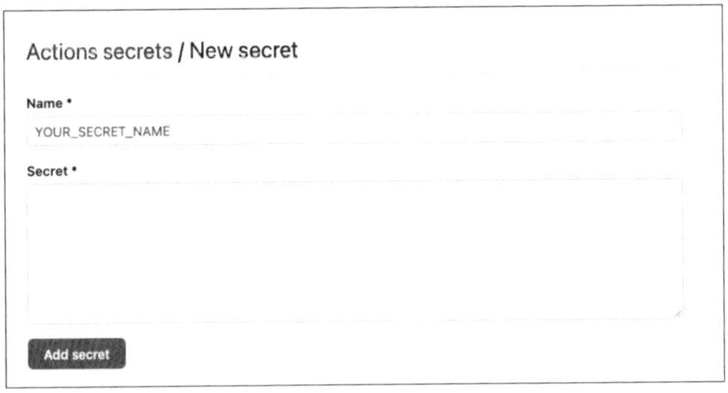

圖9-16　建立Actions Secrets

將以下4個資訊註冊到Actions Secrets。

- AWS_ACCESS_KEY_ID：前一節建立的使用者存取金鑰ID
- AWS_BUCKET_NAME：前一節建立的S3儲存貯體名稱
- AWS_SECRET_ACCESS_KEY：前一節建立的使用者私密存取金鑰
- REG_NOTIFY_CLIENT_ID：前兩小節建立的reg-suit的Client ID

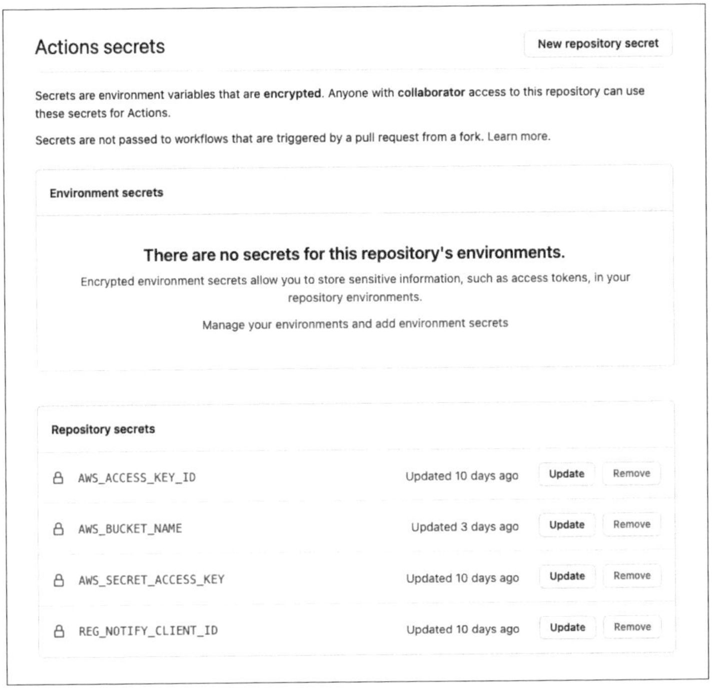

圖9-17　Actions Secrets總覽

最後AWS_BUCKET_NAME、REG_NOTIFY_CLIENT_ID都會套用到regconfig.json。這兩個值由於算不上是憑證資訊，要直接寫在regconfig.json裡面也無妨。不過基於每個儲存庫都需要設定這些值，因此養成習慣讓regconfig.json去抓取環境變數的方式還是比較有幫助。

● 設定GitHub Actions

接著要來寫GitHub Actions的workflow（List 9-7）。別忘了要依照註解，把fetch-depth: 0也寫進去。萬一沒指定的話就無法取得父提交、將會導致失敗。

▶ List 9-7 .github/workflows/vrt.yaml

```yaml
name: Run VRT

on: push

env:
  REG_NOTIFY_CLIENT_ID: ${{ secrets.REG_NOTIFY_CLIENT_ID }}
  AWS_BUCKET_NAME: ${{ secrets.AWS_BUCKET_NAME }}

jobs:
  build:
    runs-on: ubuntu-latest
    steps:
      - uses: actions/checkout@v3
        with:
          fetch-depth: 0   ← 若沒指定，比較就會失敗
      - uses: actions/setup-node@v3
        with:
          node-version: 16
      - name: Configure AWS Credentials
        uses: aws-actions/configure-aws-credentials@master
        with:
          aws-access-key-id: ${{ secrets.AWS_ACCESS_KEY_ID }}
          aws-secret-access-key: ${{ secrets.AWS_SECRET_ACCESS_KEY }}
          aws-region: ap-northeast-1
      - name: Install dependencies
        run: npm ci
      - name: Buid Storybook
        run: npm run storybook:build
      - name: Run Storycap
        run: npm run vrt:snapshot
      - name: Run reg-suit
        run: npm run vrt:run
```

在workflow裡面執行的npm scripts內容如下（List 9-8）。

▶ List 9-8　package.json

json

```json
{
  "scripts": {
    "storybook:build": "build-storybook",
    "vrt:snapshot": "storycap --serverCmd \"npx http-server storybook-static ➡
-p 6006\" http://localhost:6006",
    "vrt:run": "reg-suit run"
  }
}
```

● 確認連動狀態

使用GitHub Actions確認視覺回歸測試是否有順利執行吧（圖9-18）。建立拉取請求，完成GitHub Actions後，reg-suit的bot就會自動發佈註解。為了要做出差異，我們故意改了一下CSS。

- 紅點：檢測到有差異的項目
- 白點：新增的項目
- 黑點：被刪除的項目
- 藍點：沒有差異的項目

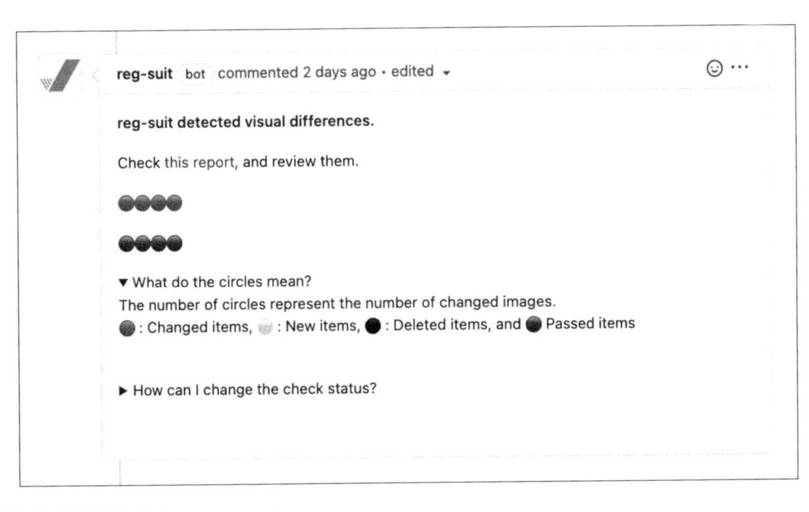

圖9-18　檢測到差異時的bot comment

點擊bot comment的連結「this report」，就能查看儲存在S3內的驗證結果報告（圖9-19）。負責檢查的工程師（Reviewer）就可以確認差異內容、檢查差異是否有問題。

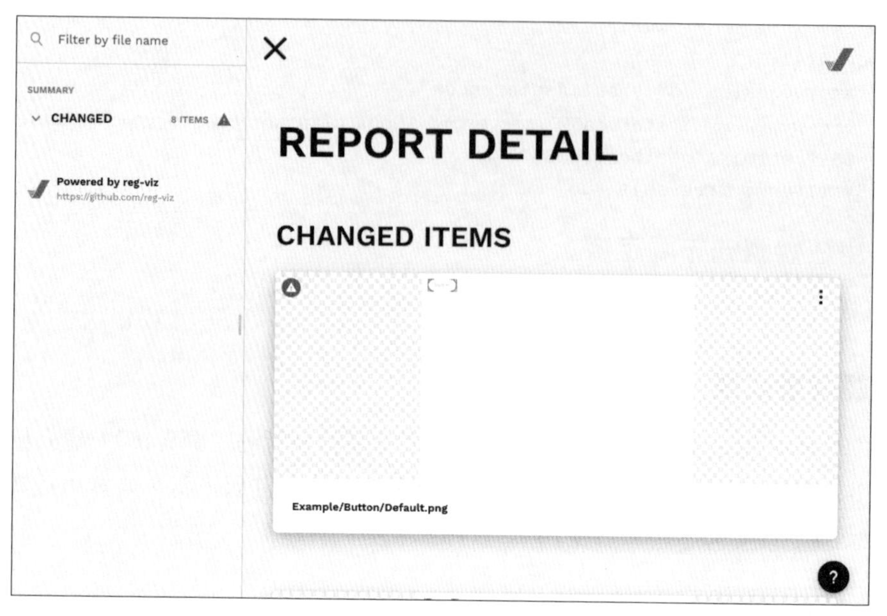

圖9-19　結果驗證報告

看是差異不見，或者負責檢查的工程師（Reviewer）使用Approve來讓狀態檢查變成綠色（圖9-20）。到這邊我們就完成了視覺回歸測試的自動化了。

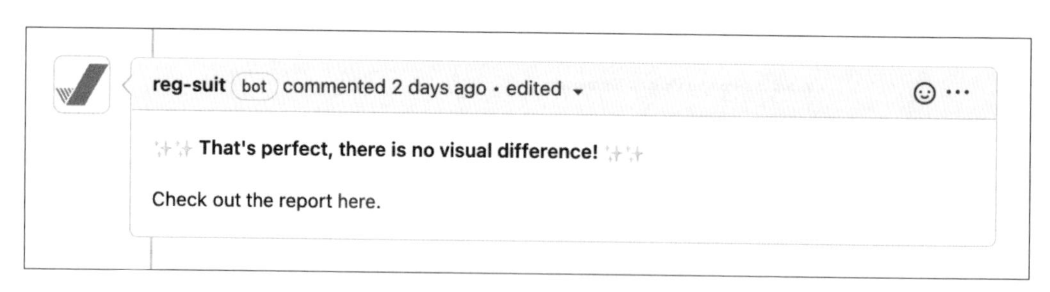

圖9-20　沒有檢測到差異時的bot comment

9-7 運用視覺回歸測試來積極進行重構

本章講解了以元件為單位導入視覺回歸測試的優點。在實際應用上來說，最令人頭疼的應該是「何時該導入」了吧？一般來說都會有「回歸測試應該要在專案發佈前後導入」的印象，不過或許可以再早一點。

● 應用在響應式布局定義上

第2章第5節提過，有包含響應式布局的專案非常適合導入視覺回歸測試。隨著專案進行下去，遇到「先完成了PC佈局、日後要單獨新增SP佈局」的情況時，真要加入SP樣式的時候如果已經有視覺回歸測試作為我們的後盾，想必大家都會更加放心。

另外在第7章第1～2節也跟各位分享過，reg-suit在持續整合（CI）尚未整頓好之前也可以派上用場。只要事先做好可以執行的準備，就能更積極地去面對使用media query的樣式定義與重構了。

● 活用於專案軟體發佈之前的重構上

筆者以前曾經歷過一個在開發前端時慢慢轉移到Next.js，同時繼承了舊有資產（以前的程式碼）的專案。資產當中包含了使用CSS定義的樣式。當時筆者將BEM（CSS設計）和以元件為主的標記語言順利地轉換為React元件。

直到發佈前一刻的最終階段，仍可以在舊有資產裡零星看見沒使用到「全域CSS定義」的內容。相信每個專案當中都會有這種「難以判斷是否有其必要性的全域CSS定義」吧！全域指定CSS可能會對所有元件帶來影響，但相信已經讀到這裡的各位也知道，刪除一個定義卻也很釐清可能造成影響的範圍。

不過，幸好當時筆者的那個專案有導入視覺回歸測試，因此才能積極地進行重構。具體來說，是採取了依序確認有無影響後、再逐一刪除的方式。正是因為有先整頓好視覺回歸測試的基礎，才能留下真正需要的CSS。

● 要開始視覺回歸測試，就從養成提交Story的習慣開始做起

前面也提到過，預先將Story擴充好，立刻就能導入以UI元件為單位的視覺回歸測試。或許有個「覺得有需要註冊的項目就先註冊起來」指引也算可行，但由於當我們越致力於註冊Story時，就可以驗證更多細節，因此筆者還是建議日常當中就養成提交Story的習慣。

要是真的等到需要響應式布局時、或者專案發佈前一刻才提交Story，往往就時間上來說（已經沒有餘裕）已經沒辦法做到了，不得不認栽。就筆者個人而言，會建議平日養成提交Story的習慣，直到真的判斷不需要的那一刻來臨之前，我們都能因此而為自己保留多一些選擇。

第8章有提到，Storybook除了拿來應用在視覺回歸測試之外，也能將它當作測試戰略的一個環節來使用。歡迎在評估單元測試／整合測試／E2E測試時，都研究看看是否值得搭配Storybook應用。

第10章

E2E測試

10-1 E2E測試簡介

由於前端的「E2E測試」會用到瀏覽器，因此可以實現更接近正式情況的測試。相當適合使用瀏覽器內建API、或者跨畫面的功能測試。下面兩者都是使用E2E測試框架來執行的測試，基本上沒有區分、都被稱為E2E測試。

- 包含了與瀏覽器既有功能連動的UI測試
- 囊括資料庫跟連動子系統的E2E測試

釐清E2E測試「要測的是什麼？」是最重要的部分。正式環境上的Web應用程式會跟資料庫連線，也會連到外部儲存服務。能否盡可能地重現整體系統架構會是關乎測試可信度與否的重要分歧點。接下來就讓我們一一研究看看該站在什麼角度來做出正確的選擇吧！

● 連動瀏覽器既有功能的UI測試

Web應用程式正常來說都會需要連動瀏覽器既有功能。而仰賴jsdom所沒辦法滿足的測試項目有以下這些。

- 橫跨多個畫面的功能
- 從畫面尺寸進行計算的邏輯
- 使用CSS media query切換顯示元素
- 在滾動軸的位置觸發事件
- Cookie跟儲存在本機儲存空間

雖然也能以Jest＋jsdom的方式使用模擬來寫測試，不過有些測試目標我們依然會希望透過瀏覽器來做到更貼近真實情況的測試。此時，「UI測試」就會是個選項（圖10-1）。只需要專注在「瀏覽器既有功能與互動」即可，使用模擬伺服器來代替API伺服器跟子系統，就能透過E2E測試框架驗證一連串的功能連動了。

這樣的測試有時也稱為特徵測試。

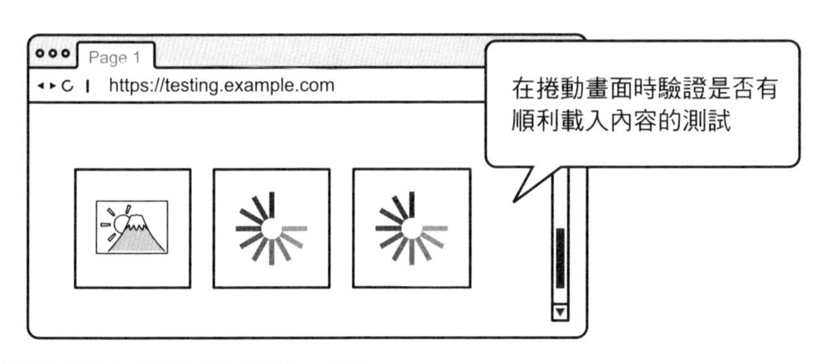

圖 10-1　那些必須使用瀏覽器才能驗證的UI測試

● 包含資料庫跟連動子系統的E2E測試

Web應用程式通常都會連接資料庫伺服器跟外部子系統，以提供下面列舉的功能。「E2E測試」就是為了盡力重現近乎「真實情況」的連動所執行的測試。使用E2E測試框架的UI自動化，就能透過瀏覽器來操作測試目標的應用程式。

- 連接資料庫伺服器、讀寫資料
- 連接外部儲存服務，上傳媒體
- 連接Redis，管理session

由於會驗證Web前端層、Web應用程式層、永久保存層彼此相互連動著，因此測試本身被賦予的定位是高度自動化測試（圖10-2）。有一好沒兩好，也因為連動了較多的系統，因此缺點是「執行時間較長、不夠穩定所以偶爾會失敗」。

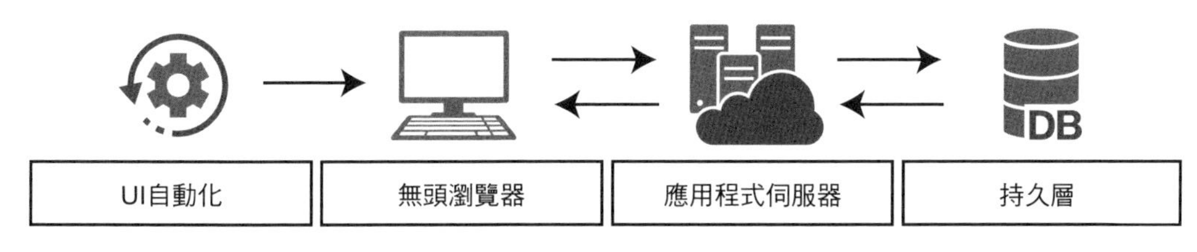

圖 10-2　E2E測試

● 關於本章要介紹的E2E測試

本章所介紹的E2E測試範本有連動了資料庫伺服器與外部儲存服務（圖10-3）。使用Docker Compose啟動多個Docker Container，在容器之間相互通訊的狀態下來進行系統連動測試。這邊要驗證的是「操作UI後，是資料是否有被儲存到持久層、並顯示在畫面上」的功能有順利運作。

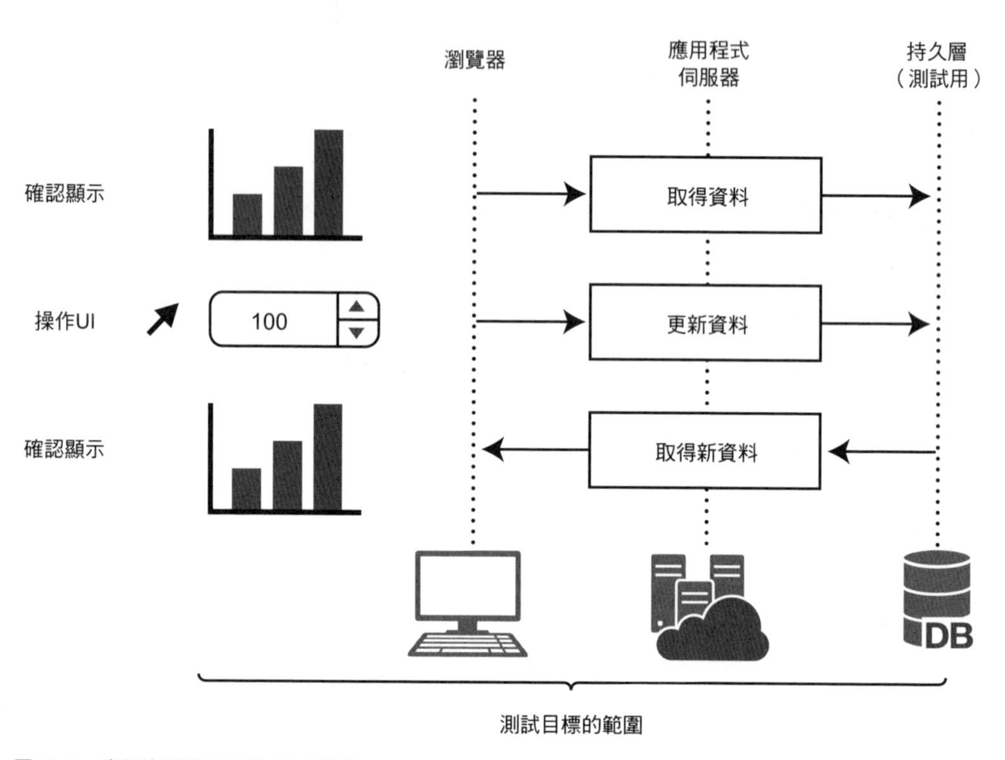

圖10-3　囊括資料持久層的E2E測試

運用Docker Compose執行E2E測試，就能很容易地建構跟放棄測試環境。由於可以執行持續整合的單一任務，放入開發workflow後就立刻能實現自動化了。查看程式碼範本「docker-compose.e2e.yaml」的內容，就能確認裡面有寫到相關的資料庫伺服器跟Redis伺服器。

10-2 Playwright的安裝與基本講解

在講解E2E測試的範本前，要先說明E2E測試框架「Playwright」的導入步驟跟簡單介紹測試程式碼。

Playwright是Microsoft微軟所發佈的E2E測試框架※10-1，支援跨瀏覽器，並具有偵錯工具（debuger）／報表產生器（reporter）／測試追蹤器（trace viewer）／測試程式碼產生器生成器（本書未提及）等許多功能。

● 安裝與設定

執行下方指令，安裝Playwright。

```bash
$ npm init playwright@latest
```

於是我們需要回答幾個問題。

```bash
# 系統會詢問我們要選TypeScript還是JavaScript，這裡我們選擇TypeScript
✔ Do you want to use TypeScript or JavaScript? · TypeScript
# 指定測試檔案的存放位置。放置於e2e資料夾
✔ Where to put your end-to-end tests? · e2e
# 是否要新增GitHub Actions工作流。No
✔ Add a GitHub Actions workflow? (y/N) · false
# 安裝Playwright瀏覽器。Yes
✔ Install Playwright browsers (can be done manually via 'npx playwright ➡
install')? (Y/n) · true
```

安裝完成後，就會自動新增package.json的依賴模組，輸出設定檔範本與程式碼範本。

※10-1 https://playwright.dev/
https://github.com/microsoft/playwright

bash

```bash
playwright.config.ts
package.json
package-lock.json
e2e/
  example.spec.ts
tests-examples/
  demo-todo-app.spec.ts
```

● 開始E2E測試

來看看輸出到`e2e/example.spec.ts`的測試程式碼範本吧（List 10-1）。瀏覽器自動化測試是從每次測試時開啟瀏覽器、訪問指定的URL開始的。`Page.goto`所指定的URL`"https://playwright.dev/"`是Playwright官方頁面。

▶ List 10-1　e2e/example.spec.ts

TypeScript

```typescript
import { test, expect } from "@playwright/test";

test("homepage has title and links to intro page", async ({ page }) => {
  await page.goto("https://playwright.dev/");
  // 驗證網頁標題是否包含"Playwright"
  await expect(page).toHaveTitle(/Playwright/);
  // 取得具有"Get started"無障礙名稱的連結
  const getStarted = page.getByRole("link", { name: "Get started" });
  // 驗證連結的href屬性為"/docs/intro"
  await expect(getStarted).toHaveAttribute("href", "/docs/intro");
  // 點擊連結
  await getStarted.click();
  // 驗證網頁URL內是否包含"intro"
  await expect(page).toHaveURL(/.*intro/);
});
```

下圖就是真正的Playwright官方頁面（圖10-4）。測試程式碼在驗證的是按下「GET STARTED」後可以檢閱文件。像這類需要手動操作瀏覽器來驗證應用程式的測試，透過測試程式碼就能做到自動化了。

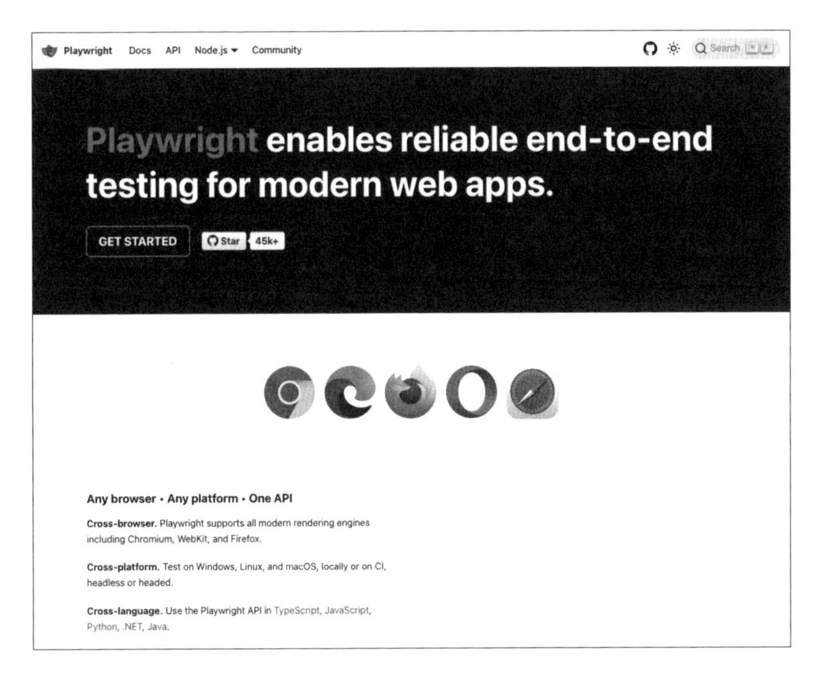

圖10-4　Playwright官方文件頁面

實際上在測試時，基本上不太有機會可以存取這種已經公開給一般大眾查看的網頁。因此通常都是在測試環境、或者本地開發環境當中啟動Web應用程式伺服器，對該伺服器進行測試。

● Locators

Locators※10-2是使用Playwright時的核心API（List 10-2），會用來取得正在查看的頁面裡的特定元素。源自無障礙性的Locators其實靈感來源是Testing Library，在v1.27.0才新增的API。它跟Testing Library一樣，被推崇為建議優先使用的無障礙性的元素獲取方式法。

▶ List 10-2　使用已串接的標籤文字取得輸入元素，再用fill塞入字串

TypeScript

```
await page.getByLabel("User Name").fill("John");
await page.getByLabel("Password").fill("secret-password");
await page.getByRole("button", { name: "Sign in" }).click();
```

用無障礙性名稱取得按鈕，進行點按

※10-2　https://playwright.dev/docs/locators

需要等待時間才能取得的`findByRole`可以不必分開使用，是跟Testing Library不同的地方。由於互動是非同步函式，因此等`await`操作完成後，再執行下個互動。

● Assertions

斷言※10-3需要明確地匯入`expect`並敘述。如果在VSCode這類的編輯器內將Locator放入引數，就會自動建議專門用來驗證元素的比對器，因此可以選擇適合的比對器來用。Jest也一樣可以使用`not`來將真顛倒過來（List 10-3）。

▶ List 10-3　放入了Locator的斷言寫法

TypeScirpt

```
import { expect } from "@playwright/test";

test("放入了Locator的斷言寫法", async () => {
  // 取得文字內容、驗證是否順利顯示
  await expect(page.getByText("Welcome, John!")).toBeVisible();
  // 取得核取方塊、驗證是否有被勾選
  await expect(page.getByRole("checkbox")).toBeChecked();
  // 使用not將真顛倒過來
  await expect(page.getByRole("title")).not.toContainText("some text");
});
```

`expect`的引數也可以放入Page。這時候就會跳出適合驗證頁面的比對器（List 10-4）。

▶ List 10-4　放入了Page的斷言寫法

TypeScirpt

```
import { expect } from "@playwright/test";

test("放入了Page的斷言寫法", async ({ page }) => {
  // 驗證網頁URL是否包含"intro"
  await expect(page).toHaveURL(/.*intro/);
  // 驗證網頁標題是否包含"Playwright"
  await expect(page).toHaveTitle(/Playwright/);
});
```

※10-3　https://playwright.dev/docs/test-assertions

10-3 簡介測試目標的應用程式

進入講解E2E測試程式碼之前，請再容許我運用一個小節的篇幅，向各位介紹預計測試的應用程式、以及建構本地開發環境的步驟。

圖10-5是第7章～第9章所講解的Next.js※10-4應用程式畫面，與Redis伺服器、資料庫伺服器、外部儲存服務的連動都已經完成了。本章的E2E測試將會以此Next.js應用程式為測試目標，進行驗證。

圖10-5　首頁

● 應用程式簡介

這是個使用者登入之後，用來發佈／編輯技術文章的Next.js應用程式。而且，我們可以對其他使用者的文章「按讚（Like）」。雖然還沒有建立新使用者的功能，不過登入的使用者可以編輯自己的個人資訊（圖10-6）。

※10-4　https://nextjs.org/

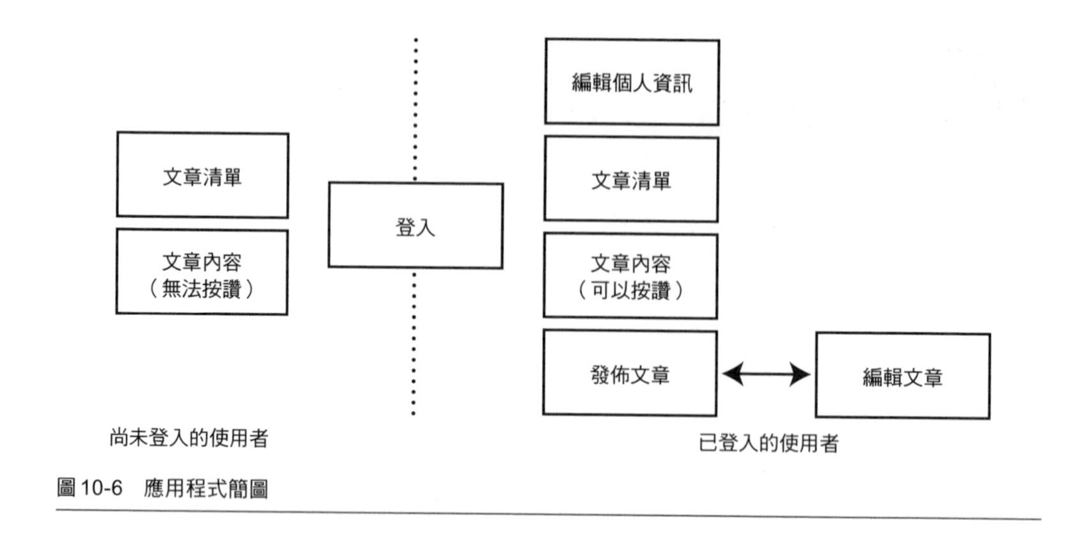

圖10-6　應用程式簡圖

Next.js

所有的頁面都使用伺服器端渲染（Server-Side Rendering，SSR），檢查是否為認辨過的請求。如果還沒登入、就重新導向到登入頁面，要求使用者登入。Next.js與Redis伺服器連線，從session取得使用者資訊。

Prisma

關聯資料庫管理系統（RDBMS）所使用的是「PostgreSQL」。Next.js伺服器所運用的物件關聯對映（Object Relational Mapping，ORM）是「Prisma」※10-5。Prisma跟TypeScript相容性高，且能以型別推論的方式獲得內部整合完成的表格回應，在TypeScript專案當中是相當受歡迎的開源軟體。

S3 Client

預計使用AWS S3來當作外部檔案儲存服務的選項。在本地開發跟測試當中，並不會連線到真實存在的儲存貯體，而是使用與AWS S3 API相容的「MinIO」※10-6。MinIO可以用在本地開發和測試，也可以拿來當作存放文章附圖以及大頭照的存放位置。

※10-5　https://www.prisma.io/

※10-6　https://min.io/

● 建構本地開發環境的步驟

先在安裝好Next.js的開發環境裡複製好儲存庫範本後，再安裝依賴模組。

URL https://github.com/frontend-testing-book/nextjs

```bash
$ npm i
```

安裝MinIO Client

開發環境不會跟S3連線，因此要在本地環境使用與S3相容的MinIO。如果還沒安裝MinIO Client，請記得先行安裝。下面的指令僅適用於macOS，倘若您使用的是其他作業軟體進行開發，請參閱MinIO的文件※10-7所建議的步驟進行。

```bash
$ brew install minio/stable/mc
```

使用Docker Compose一口氣啟動容器

再來要使用為了本地開發而準備好的Dock Compose，啟動用來執行本地開發的Next.js以外的所有容器。為了要在開發環境中可以使用Dock Compose，記得先安裝好Dock Desktop※10-8。

```bash
$ docker compose up -d
```

然後，我們要對使用Dock Compose啟動成功的MinIO伺服器執行儲存貯體產生腳本。

```bash
$ sh create-image-bucket.sh
```

※10-7 https://min.io/docs/minio/linux/reference/minio-mc.html?ref=docs

※10-8 https://www.docker.com/products/docker-desktop/

執行了資料庫遷移後，初始資料（測試資料）就會被放入資料庫內。

```bash
$ npm run prisma:migrate
```

最後，啟動Next.js開發伺服器。開啟http://localhost:3000/後就能看見應用程式的畫面了。

```bash
$ npm run dev
```

當出現如下的錯誤時，可能使因為本地開發環境的Redis伺服器尚未啟動。所以記得先執行`docker compose up -d`、再執行`npm run dev`。

```bash
[ioredis] Unhandled error event: Error: connect ECONNREFUSED ➡
127.0.0.1:6379
```

按下畫面右上方的「登入」按鈕，等待畫面切換到http://localhost:3000/login後，就能使用下面的測試專用使用者進行登入了（圖10-7）。

```bash
電子信箱: taroyamada@example.com
密碼: abcd1234
```

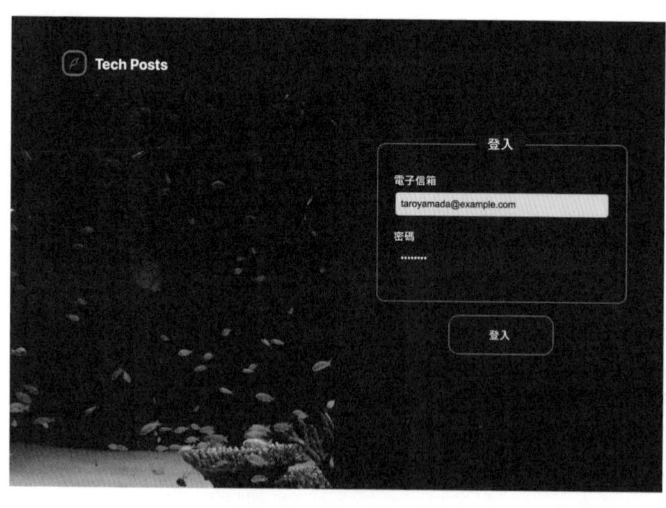

圖10-7　登入頁面

10-4 在開發環境中執行E2E測試

講完了Next.js應用程式開發環境的啟動方法，接下來就要正式進入執行E2E測試的環節了。

● 準備E2E測試

要在開發環境執行E2E測試，先要啟動已建構完成的Next.js應用程式（別忘了剛剛提到過的`docker compose up -d`）。

```bash
$ npm run build && npm start
```

執行E2E測試之前，要先初始化資料庫的測試資料。因為執行了E2E測試後資料庫的資料就會改變，這可能對測試造成不良影響，**因此每次執行E2E測試時都務必要用到下面這個指令**。

```bash
$ npm run prisma:reset
```

● 執行E2E測試

執行下方指令，開始E2E測試。由於預設會以無頭模式執行測試，所以不會顯示瀏覽器。

```bash
$ npx playwright test
```

32筆測試全部完成後，就會顯示`32 passed`的訊息（當所有測試都成功時）。

```bash
Running 32 tests using 6 workers
...
[chromium] › Post.spec.ts:45:3 › 文章發佈頁面 › 驗證無障礙性
No accessibility violations detected!
```

```
  32 passed (19s)

To open last HTML report run:

  npx playwright show-report
```

測試結果會輸出為HTML報告，我們執行`npx playwright show-report`，接著開啟http://localhost:9223/來查看報告內容（圖10-8）。

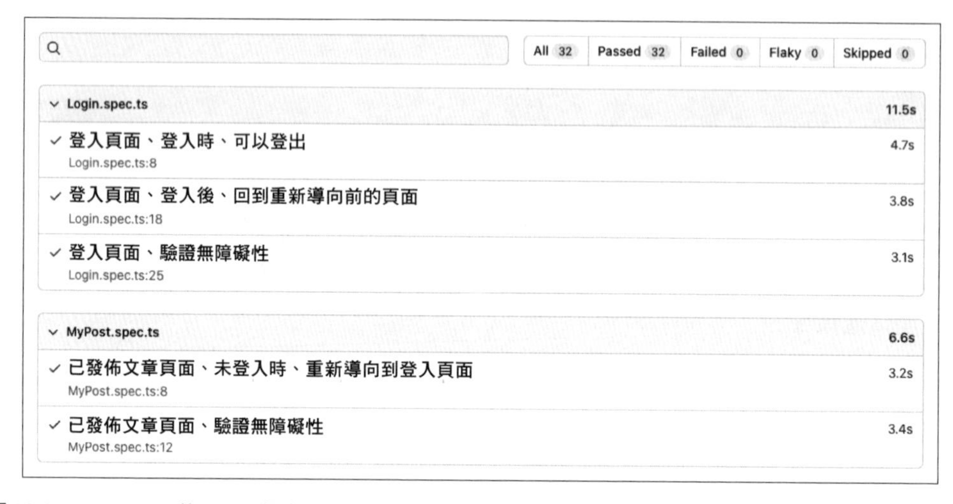

圖10-8　Playwright的HTML報告

在命令列介面引數內放入測試檔案名稱，測試就只會針對該檔案執行。如果覺得執行全部的測試很花時間時，就可以加上引數來進行測試。

```bash
$ npx playwright test Login.spec.ts
```

● 使用Playwright Inspector偵錯

隨著寫好的E2E測試進度越往前推進，有時候可能遇到無法順利通過測試的情況。此時我們可以使用偵錯工具「Playwright Inspector」來幫忙找出原因。加上`--debug` option再執行E2E測試，就能以headed模式（會啟動瀏覽器、可目視UI自動化的模式）開始測試。

```bash
$ npx playwright test Login.spec.ts --debug
```

可以看到同時顯示了兩個畫面，比較小的那個就是「Playwright Inspector」。Playwright Inspector可以一邊確認正在執行的測試程式碼、一邊檢查UI正在執行哪些操作（圖10-9）。

按下畫面左上方有個綠色三角形的「播放」圖示，就能啟動UI自動化。當自動化結束後（1筆測試結束後），兩個畫面會同時關閉，然後進入下一個測試時再同時開啟兩個畫面。

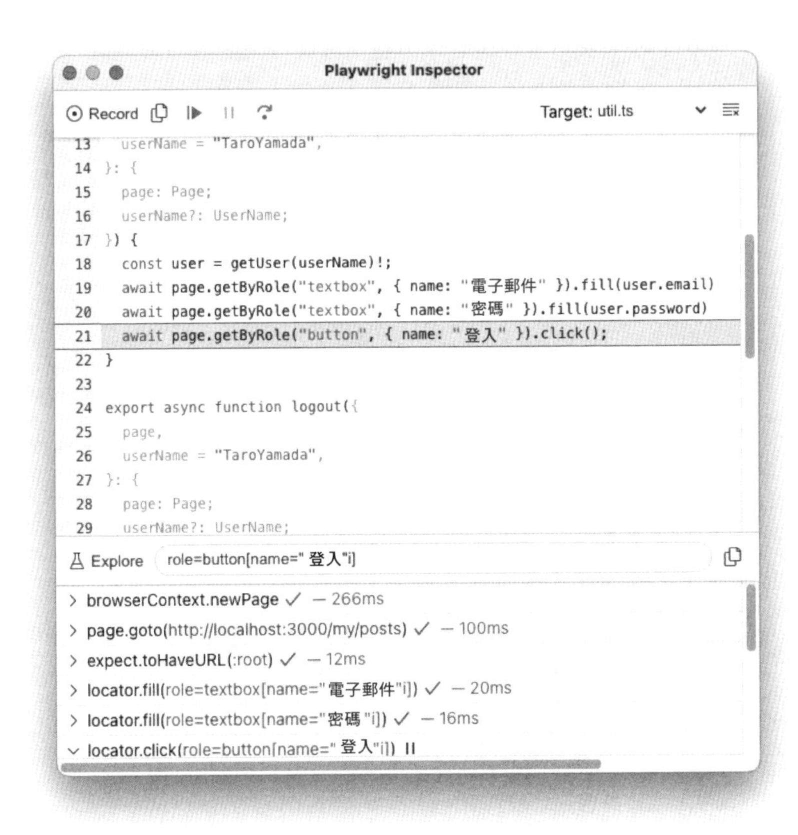

圖10-9　Playwright Inspector

播放圖示的右邊第二個綠色圖示是「Step over圖示」，按下之後就會逐行執行測試程式碼。由於可以一行一行目視檢查測試有無通過，因此遇到問題需要找出錯誤在哪時就相當方便（圖10-10）。更多詳細的使用方法再請參閱官方文件※10-9。

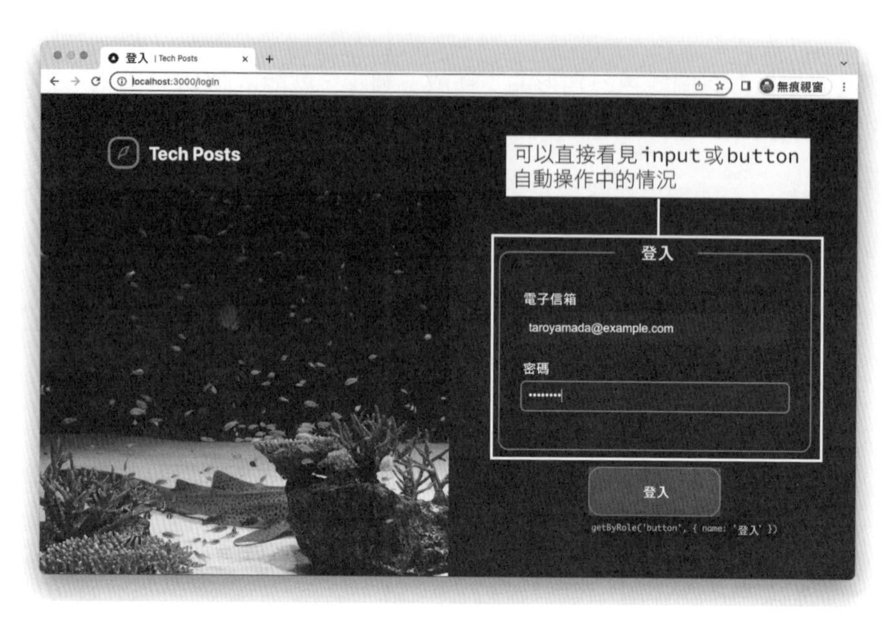

圖10-10　headed模式（啟動瀏覽器後可直接查看確認UI自動化的模式）

● 使用Docker Compose進行E2E測試

下方是使用Docker Compose進行E2E測試的指令。跟其他測試相比，由於需要先建構一些容器，可能比較花時間。

```bash
$ npm run docker:e2e:build && npm run docker:e2e:ci
```

用這個方式執行的E2E測試會比較適合持續整合（GitHub Actions）。這部分的內容就留在附錄進行講解。

※10-9　https://playwright.dev/docs/debug

10-5 簡介Prisma以及如何準備測試

這次作為範本的Next.js應用程式，在Next.js伺服器（getServerSideProps，API Routes）中使用Prisma，從資料庫伺服器取得／更新資料。本章講解的E2E測試包含了存取資料庫伺服器，驗證透過操作UI是否能順利更新資料庫。

使用資料庫的E2E測試在每次執行時都需要重置資料庫、放入測試用的資料。使用seed script就可以不斷地再次建構起相同內容的資料庫，因此不只測試時用得到、就連開發環境的初始設定也少不了它。本節將以測試準備的角度來簡單介紹Prisma與專門用在測試上的seed script。

● Prisma schema

Prisma使用了`Prisma schema`定義了資料庫，這是一種領域特定語言（Domain-Specific Language，DSL），用來定義資料庫實體和實體之間的關係。當這個schema檔案文件轉換為遷移腳本時，同時也會產生Prisma Client（從應用程式的程式碼向資料庫發出查詢的客戶端）。在程式碼範例中查看「prisma/schema.prisma」時，可以確認它的定義如下（List 10-5）。

▶ List 10-5　prisma/schema.prisma

```
generator client {
  provider = "prisma-client-js"
}

datasource db {
  provider = "postgresql"
  url      = env("DATABASE_URL")
}

model User {
  id             Int      @id @default(autoincrement())
  createdAt      DateTime @default(now())
  updatedAt      DateTime @updatedAt
  name           String
  bio            String
  githubAccount  String
```

```
  twitterAccount String
  imageUrl       String
  email          String @unique
  password       String
  posts          Post[]
  likes          Like[]
}

model Post {
  id          Int      @id @default(autoincrement())
  createdAt   DateTime @default(now())
  updatedAt   DateTime @updatedAt
  title       String
  description String?
  body        String?
  imageUrl    String?
  published   Boolean @default(false)
  author      User    @relation(fields: [authorId], references: [id])
  authorId    Int
  likes       Like[]
}

model Like {
  id        Int  @id @default(autoincrement())
  createdAt DateTime @default(now())
  user      User @relation(fields: [userId], references: [id])
  userId    Int
  post      Post @relation(fields: [postId], references: [id])
  postId    Int
  authorId  Int
}
```

使用Prisma Client

從schema檔案自動產生的Prisma Client是什麼呢？程式碼範例「src/services/server/index.ts」當中可以看到輸出了實例化的Prisma Client（List 10-6）。

▶ List 10-6 src/services/server/index.ts

TypeScript

```
import { PrismaClient } from "@prisma/client";
export const prisma = new PrismaClient();
```

這個Prisma Client是符合了prisma.schema所定義的內容的Client。例如「使用prisma.user存取User表格，使用prisma.post存取Post表格」等，都是跟隨著prisma.schema裡的定義。

它的優點是與TypeScript的相容性高。prisma.schema裡的schema定義可以轉換為TypeScript型別定義，將透過Prisma Client取得的值反映到型別推論上。由於型別推論也會跟隨著內部整合資料的取得，令它成為了TypeScript專案當中很受歡迎的物件關聯對映（ORM）。

下方程式碼範本中的「src/services/server/MyPost/index.ts」是登入使用者取得自己已發佈文章的非同步函式（List 10-7）。運用await prisma.post.findUnique({ where: { id } })查詢來取得唯一的ID的文章。雖然程式碼中沒看見TypeScript的資訊，不過其實所有細節當中都存在著型別推論的身影。

▶ List 10-7　src/services/server/MyPost/index.ts

TypeScript

```
export async function getMyPost({
  id,
  authorId,
}: {
  id: number;
  authorId: number;
}) {
  try {
    // 回傳與請求的文章ID一致的資料
    const data = await prisma.post.findUnique({ where: { id } });
    // 沒有資料時、或者當作者並非登入使用者時，Not Found
    if (!data || data?.authorId !== authorId) throw new NotFoundError();
    const { createdAt, updatedAt, ...res } = data;
    // 型別推論會跟隨到最後面
    return res;
  } catch (err) {
    handlePrismaError(err);
  }
}
```

● 註冊Seed Srcipt

執行seed script時使其生效的指令會寫在package.json裡（List 10-8）。無須轉譯TypeScript檔案、透過可用的ts-node就能執行prisma/seed/index.ts這個執

行檔（在Next.js專案當中使用Prisma時，則須將CommonJS指定給compiler-options※10-10）。

▶ List 10-8　package.json

```json
{
  "prisma": {
    "seed": "ts-node --compiler-options {\"module\":\"CommonJS\"} prisma/➡
seed/index.ts"
  }
}
```

如此一來Prisma CLI就可以依照需求來執行seed script了。我們嘗試先執行docker-compose up -d、接著再透過npm run prisma:reset執行每次E2E測試開始前都得做的重置處理。會產出下方的日誌，確認初始資料已經順利放入。

```bash
Running seed command `ts-node --compiler-options {"module":➡
"CommonJS"} prisma/seed/index.ts` ...
Start seeding ...
Seeding finished.

🌱  The seed command has been executed.
```

● Seed Srcipt執行檔

下面是Seed Srcipt執行檔（List 10-9）。使用Prisma Client建立初始資料。透過await prisma.$transaction來將User、Post、Like表格的初始資料一併放入。

▶ List 10-9　prisma/seed/index.ts

```TypeScirpt
import { PrismaClient } from "@prisma/client";
import { likes } from "./like";
```

10　https://www.prisma.io/docs/guides/database/seed-database#seeding-your-database-with-typescript-or-javascript

```
import { posts } from "./post";
import { users } from "./user";

export const prisma = new PrismaClient();

const main = async () => {
  console.log(`Start seeding ...`);
  await prisma.$transaction([...users(), ...posts(), ...likes()]);
  console.log(`Seeding finished.`);
};

main()
  .catch((e) => {
    console.error(e);
    process.exit(1);
  })
  .finally(async () => {
    await prisma.$disconnect();
  });
```

建立初始資料的方法跟使用Prisma Client建立紀錄的方式是一樣的。由於會用`prisma.$transaction`整個放入，這裡的seed函式會回傳Promise陣列（List 10-10）。

▶ List 10-10　prisma/seed/like.ts

TypeScirpt

```
import { Like, PrismaPromise } from "@prisma/client";
import { prisma } from ".";
import { likesFixture } from "../fixtures/like";

export const likes = () => {
  const likes: PrismaPromise<Like>[] = [];
  for (const data of likesFixture()) {
    const like = prisma.like.create({ data });
    likes.push(like);
  }
  return likes;
};
```

likesFixture會回傳寫死的資料（List 10-11）。像這樣在script上呈現資料也行，或者要將CSV等外部檔案作為測試物件檔案也可以。此時如果使用的是隨機產生值的函式庫、或直接套用執行時間的話，可能會為測試結果帶來影響。請注意每次執行測試物件時，不要讓值改變。

▶ List 10-11　prisma/fixtures/like.ts

TypeScirpt
```
import { Like } from "@prisma/client";

export const likesFixture = (): Omit<Like, "id" | "createdAt">[] => [
  {
    userId: 1,
    postId: 1,
    authorId: 2,
  },
];
```

10-6 登入功能的E2E測試

應用程式範本大部分的功能都是登入所須的功能（圖10-11）。尚未登入的使用者的存取權會受到限制，顯示的元素也不同。E2E測試就是專門用來測試「依據不同的登入情況來確認應用程式是否有照我們的意思來運作？」的情境，因此就會很常發生「登入之後要做什麼處理」的互動。本節將會針對登入狀態相關功能進行測試，跟各位分享「該怎麼做才能共用、如何進行驗證」。

圖10-11　登入頁面

● 使用已註冊的帳戶進行登入

應用程式範本裡尚未搭載建立新使用者的功能，而是藉由seed script設定了測試專用帳號（使用者）。所以我們要運用這個測試帳號來寫測試。

下面的`login`公用函式是憑藉測試帳號來進行登入。抓取已註冊的使用者資訊，透過表單輸入來登入（List 10-12）。

▶ List 10-12　e2e/util.ts

TypeScirpt

```
export async function login({
  page,
  userName = "TaroYamada",
}: {
  page: Page;
  userName?: UserName;
}) {
```

```
  const user = getUser(userName)!;
  await page.getByRole("textbox", { name: "電子郵件" }).fill(user.email);
  await page.getByRole("textbox", { name: "密碼" }).fill(user.password);
  await page.getByRole("button", { name: "登入" }).click();
}
```

● 在已登入狀態進行登出

登出時的互動也一樣透過公用處理來轉換為函式。在標頭導覽的旁邊有登入後的使用者虛擬替身圖片。當我們將滑鼠停留在該元素上方時，登出按鈕就會現身，按下去就登出了。下面就是將這些互動寫成函式的情況（List 10-13）。

▶ List 10-13　e2e/util.ts

TypeScirpt

```
export async function logout({
  page,
  userName = "TaroYamada",
}: {
  page: Page;
  userName?: UserName;
}) {
  const user = getUser(userName)!;
  const loginUser = page
    .locator("[aria-label='登入使用者']")
    .getByText(user.name);
  await loginUser.hover(); ◀── 滑鼠懸停、使登出按鈕出現
  await page.getByText("登出").click();
}
```

● 若沒登入，重新導向至登入頁面

在總共7頁的內容當中，其中5頁是使用者必須登入才能查看（/my/**/第*頁）。倘若在未登入的情況存取了這些網頁，就會被導向到登入頁面、要求登入。而這也是幾乎每個測試都會用到的處理，所以我們也將它寫成函式（List 10-14）。

▶ List 10-14　e2e/util.ts

TypeScript
```
export async function assertUnauthorizedRedirect({
  page,
  path,
}: {
  page: Page;
  path: string;
}) {
  // 直接存取指定頁面
  await page.goto(url(path));
  // 等候重新導向
  await page.waitForURL(url("/login"));
  // 確認已來到登入頁面
  await expect(page).toHaveTitle("登入 | Tech Posts");
}
```

對限制登入才能查看的頁面測試「尚未登入的話會重新導向」，要用到的是 assertUnauthorizedRedirect 函式（List 10-15）。

▶ List 10-15　示範使用 assertUnauthorizedRedirect

TypeScript
```
test("若尚未登入，會被重新導向至登入頁面", async ({ page }) => {
  const path = "/my/posts"; ◀──── 用來直接存取的URL路徑
  await assertUnauthorizedRedirect({ page, path });
});
```

● 登入後，重新導向至先前的頁面

Next.js 應用程式的程式碼設計上，登入成功之後會再次重新導向回到先前的頁面。這個處理在程式碼「src/lib/next/gssp.ts」第 19 行可以找到。當 getServerSideProps 回傳值包含 { redirect } 時，就會觸發重新導向至 destinationURL。在重新導向之前所查看的頁面 URL，其值會被儲存在 session 裡（List 10-16）。

▶ List 10-16　src/lib/next/gssp.ts

```typescript
if (err instanceof UnauthorizedError) {
  session.redirectUrl = ctx.resolvedUrl;
  return { redirect: { permanent: false, destination: "/login" } };
}
```

驗證此功能的測試如下（List 10-17）。登入之後，確實回到了被重新導向之前的頁面了。

▶ List 10-17　e2e/Login.spec.ts

```typescript
test("登入後，重新導向至先前的頁面", async ({ page }) => {
  await page.goto(url("/my/posts"));
  await expect(page).toHaveURL(url("/login")); ← 重新導向到登入頁面
  await login({ page }); ← 執行登入的互動
  await expect(page).toHaveURL(url("/my/posts"));
});
```

10-7 個人資訊功能的E2E測試

接著要講解的是「個人資訊編輯頁面」（圖10-12）的功能與E2E測試。輸入新的個人資訊、按下「變更個人資訊」按鈕，就完成了個人資訊的更新。完成後畫面會跳回到已登入使用者可以查看的已發佈文章清單頁面。

可以看到頁首（瀏覽器上顯示的標題）顯示了使用者的名稱，這表示這個頁面需要抓取存放在session裡的「登入使用者資訊」、或連動Next.js特有的「getServerSideProps」、「API Routes」功能。

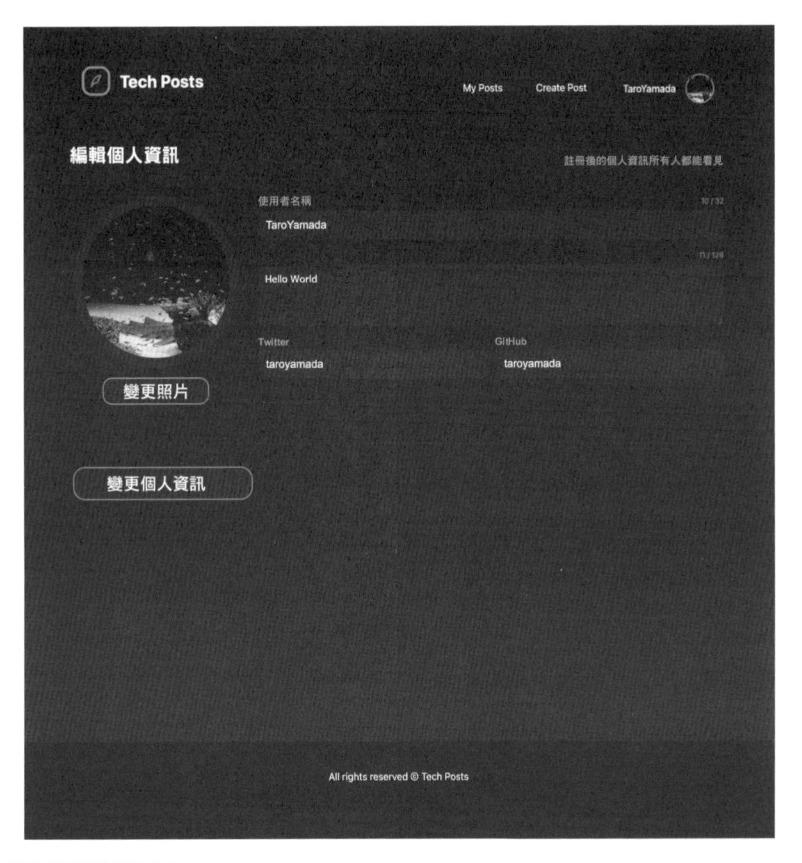

圖10-12　個人資訊編輯頁面

而E2E測試在這裡的任務就是要確認下列處理運作正常。

- 操作UI、產生更新個人資訊的API請求
- API Routes發揮功用、將值放入資料庫
- 更新儲存在session裡的值
- 新的頁面標題會抓取更新過後的session的值

● 用getServerSideProps取得已登入的使用者資訊

伺服器端渲染（Server-Side Rendering，SSR）裡用來取得資料的函式是`getServerSideProps`，它會被檢查登入的函式（`withLogin`高階函式）所包覆。透過引數(`{ user }`)放入的登入使用者資訊，來向頁面資料發出請求，取得個人資訊。`user`物件的用途是取出存放在session內的資訊（List 10-18）。

▶ List 10-18　可動態指定頁首的函式

```
TypeScirpt
Page.getPageTitle = PageTitle(
  ({ data }) => `編輯${data?.authorName}的個人資訊`
);
// 附有檢查登入的getServerSideProps
export const getServerSideProps = withLogin<Props>(async ({ user }) => {
  return {
    // 透過包覆了Prisma Client的函式，從資料庫取得資料
    profile: await getMyProfileEdit({ id: user.id }),
    authorName: user.name, // 在Props內放入使用者名稱，以便呈現在頁首上
  };
});
```

● 更新個人資訊的API Routes

API Routes是Next.js應用程式的Web API實際路徑。接收操作UI時產生的「取得／更新非同步資料」的請求、在伺服器流程中執行處理、以API回應的方式回傳JSON。

下面的API Routes handler是處理個人資訊更新的請求的函式。使用Prisma Client（updateMyProfileEdit函式）更新資料庫時，也會替我們更新session的登入使用者資訊（List 10-19）。

▶ List 10-19　API Routes handler函式會檢查使用者是否有登入

```
TypeScirpt
const handlePut = withLogin<UpdateMyProfileEditReturn>(async ➡
(req, res) => {
  // 驗證所輸入的值是否有不適當的內容
  // 當出現驗證錯誤時，使用withLogin函式內的錯誤處理器進行處理
  validate(req.body, updateMyProfileEditInputSchema);
  // 透過包覆了Prisma Client的函式來更新資料庫的資料
  // 當出現錯誤時，使用withLogin函式內的錯誤處理器進行處理
  const user = await updateMyProfileEdit({
    id: req.user.id,
    input: req.body,
  });
  // 更新session內原先儲存的使用者資訊
  const session = await getSession(req, res);
  session.user = { ...session.user, name: user.name, imageUrl: user.imageUrl
```

```
};
  res.status(200).json(user);
});
```

● 對更新個人資訊時的一連串處理進行E2E測試

下面是對這個頁面功能進行的E2E測試（List 10-20）。可以看到並未涉及程式內部細節，是個黑箱測試。

▶ List 10-20　e2e/MyProfileEdit.spec.ts

TypeScirpt

```
import { expect, test } from "@playwright/test";
import { UserName } from "../prisma/fixtures/user";
import { login, url } from "./util";

test.describe("個人資訊編輯頁面", () => {
  const path = "/my/profile/edit";
  const userName: UserName = "User-MyProfileEdit";
  const newName = "NewName";

  test("編輯了個人資訊名稱後，會反映到個人資訊上", async ({
    page,
  }) => {
    await page.goto(url(path));
    await login({ page, userName });
    // 從這邊開始是個人資訊編輯畫面
    await expect(page).toHaveURL(url(path));
    await expect(page).toHaveTitle(`編輯${userName}的個人資訊集`);
    await page.getByRole("textbox", { name: "使用者名稱" }).fill(newName);
    await page.getByRole("button", { name: "變更個人資訊" }).click();
    await page.waitForURL(url("/my/posts"));
    // 在頁首顯示剛剛更新的名稱
    await expect(page).toHaveTitle(`${newName}的文章清單`);
    await expect(
      page.getByRole("region", { name: "個人資訊" })
    ).toContainText(newName);
    await expect(page.locator("[aria-label='登入使用者']")).toContainText(
      newName
    );
  });
});
```

10-8 使用E2E測試確認按讚（Like）功能

任何人都能查看公開的文章，在首頁可以透過排序功能來檢視哪些文章比較熱門。已經登入的使用者可以對別人發佈的公開文章按「讚（Like）」，但是沒辦法對自己發佈的文章按讚（圖10-13）。

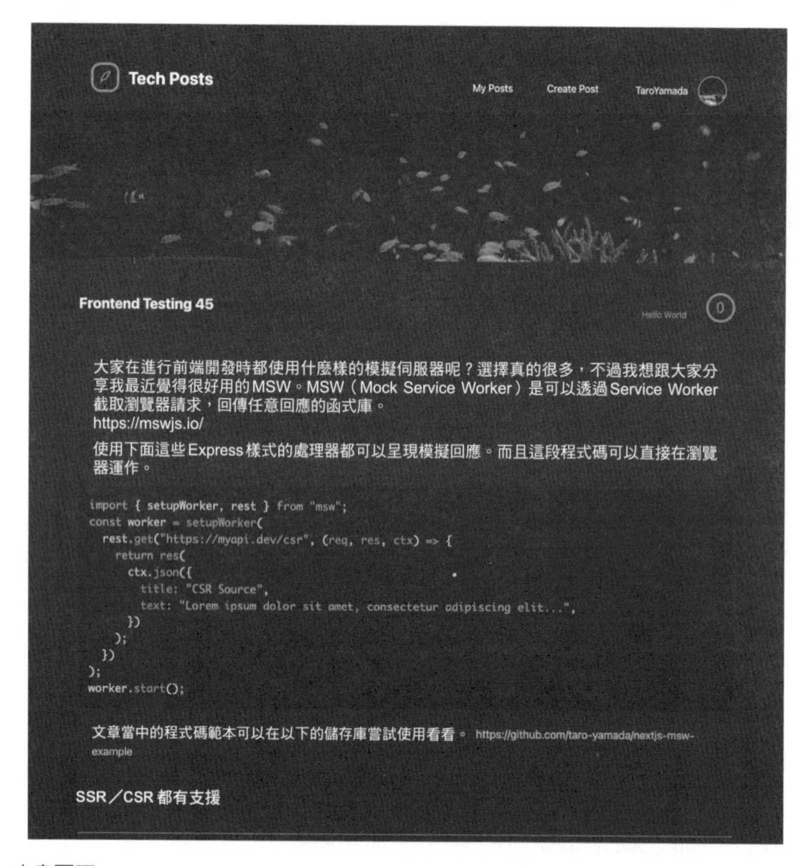

圖10-13　文章頁面

這邊要透過E2E測試的是下列的處理。

- 可以對別人的文章按讚
- 無法對自己的文章按讚

● 可以對別人的文章按讚

一開始放入資料庫的文章總共有90篇，其中66篇是公開的、24篇是隱藏的。測試使用者「TaroYamada」是ID:61～90的文章作者，我們要用「TaroYamada」的名義登入，進行E2E測試。

ID:1～60會當作是別人的文章，我們要對ID:10的那篇文章測試按讚功能（List 10-21）。

▶ List 10-21　e2e/Post.spec.ts

TypeScirpt

```
test("可以對別人的文章按讚", async ({ page }) => {
  await page.goto(url("/login"));
  await login({ page, userName: "TaroYamada" });
  await expect(page).toHaveURL(url("/"));
  // 這邊開始是ID:10的文章
  await page.goto(url("/posts/10"));
  const buttonLike = page.getByRole("button", { name: "Like" });
  const buttonText = page.getByTestId("likeStatus");
  // Like按鈕為啟用狀態，目前沒人按讚
  await expect(buttonLike).toBeEnabled();
  await expect(buttonLike).toHaveText("0");
  await expect(buttonText).toHaveText("Like");
  await buttonLike.click();
  // 按下Like後，會計算1筆按讚，狀態變成已按讚
  await expect(buttonLike).toHaveText("1");
  await expect(buttonText).toHaveText("Liked");
});
```

● 無法對自己的文章按讚

ID:90是「TaroYamada」自己的文章，就拿這篇文章來測試無法按讚。由於按鈕本身是禁用狀態，因此看得出來無法對自己的文章按讚（List 10-22）。

▶ List 10-22　e2e/Post.spec.ts

TypeScirpt

```
test("無法對自己的文章按讚", async ({ page }) => {
  await page.goto(url("/login"));
  await login({ page, userName: "TaroYamada" });
  await expect(page).toHaveURL(url("/"));
```

```
  // 這邊開始是ID:90的文章
  await page.goto(url("/posts/90"));
  const buttonLike = page.getByRole("button", { name: "Like" });
  const buttonText = page.getByTestId("likeStatus");
  // Like按鈕為禁用狀態，也沒有出現Like的字樣
  await expect(buttonLike).toBeDisabled();
  await expect(buttonText).not.toHaveText("Like");
});
```

10-9 建立新文章頁面的 E2E 測試

再來我們要看的是應用程式的核心功能「建立新文章」(圖 10-14)。建立新文章的功能包含了「建立、查看、編輯、刪除」，也就是增刪查改（Create、Read、Update、Delete，CRUD）功能。要測試增刪查改功能就需要顧慮「是否會與其他的測試程式碼衝突」。例如有個測試程式碼當中的斷言使用到了某篇文章標題，當我們執行了修改文章標題的（別的）測試時，可能就會因為文章標題已經被改掉，而導致某些測試的斷言失敗。所以基本上我們會在需要執行單一的新文章測試時，採行「建立新文章、僅針對該文章驗證增刪查改功能」。

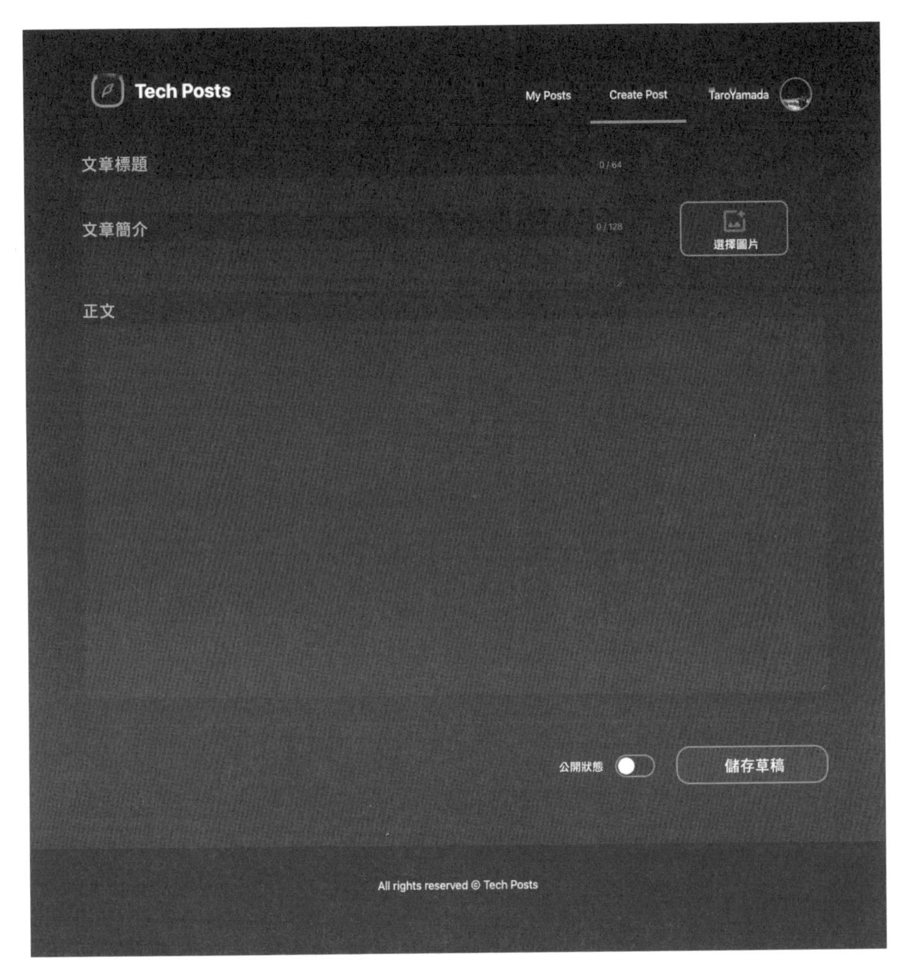

圖 10-14　建立新文章的頁面

● 存取建立新文章頁面、輸入內容的函式

剛剛講解的建立新文章在進行E2E測試時，需要建立很多次新文章。由於我們不必在乎內容為何，因此僅需要針對必須輸入的項目建立互動函式即可（List 10-23）。對引數要求使用者名稱，讓函式可以選擇由誰建立文章。然後再輸入文章標題，用來鎖定需要執行增刪查改功能的測試目標文章。

▶ List 10-23　e2e/postUtil.ts

```typescript
export async function gotoAndFillPostContents({
  page,
  title,
  userName,
}: {
  page: Page;
  title: string;
  userName: UserName;
}) {
  await page.goto(url("/login"));
  await login({ page, userName });
  await expect(page).toHaveURL(url("/"));
  await page.goto(url("/my/posts/create"));
  await page.setInputFiles("data-testid=file", [
    "public/__mocks__/images/img01.jpg",
  ]);
  await page.waitForLoadState("networkidle", { timeout: 30000 });
  await page.getByRole("textbox", { name: "文章標題" }).fill(title);
}
```

● 將新文章「儲存為草稿」的函式

儲存新建文章的草稿也是會需要執行很多次的互動，所以我們也要將這些動作寫成函式，讓它可以不斷地被運用。這裡使用剛剛創建的新建文章函式，將其改為將新文章「儲存為草稿」的函式（List 10-24）。

▶ List 10-24　e2e/postUtil.ts

```typescript
export async function gotoAndCreatePostAsDraft({
  page,
  title,
  userName,
}: {
  page: Page;
  title: string;
  userName: UserName;
}) {
  await gotoAndFillPostContents({ page, title, userName });
  await page.getByRole("button", { name: "儲存為草稿" }).click();
```

```
  await page.waitForNavigation();
  await expect(page).toHaveTitle(title);
}
```

●「公開」新文章的函式

公開新文章也同樣是需要一直執行的互動，跟剛剛一樣寫成函式來多加運用。有別於儲存草稿，在公開文章之前會跳出確認對話視窗，此時要新增按下視窗中「是」的互動（List 10-25）。於是我們就如下完成了「公開」新文章的函式。

▶ List 10-25　e2e/postUtil.ts

TypeScirpt

```typescript
export async function gotoAndCreatePostAsPublish({
  page,
  title,
  userName,
}: {
  page: Page;
  title: string;
  userName: UserName;
}) {
  await gotoAndFillPostContents({ page, title, userName });
  await page.getByText("公開狀態").click();
  await page.getByRole("button", { name: "公開文章" }).click();
  await page.getByRole("button", { name: "是" }).click();
  await page.waitForNavigation();
  await expect(page).toHaveTitle(title);
}
```

● 用準備好的函式來寫網頁 E2E 測試

萬事俱備，就讓我們用「儲存草稿函式」跟「公開文章函式」來寫網頁E2E測試吧。由於已經包含了except函式的斷言在內了，因此其實以上就讓我們已經寫好了網頁E2E測試了（List 10-26）。

▶ List 10-26　e2e/MyPostsCreate.spec.ts

```typescript
import { test } from "@playwright/test";
import { UserName } from "../prisma/fixtures/user";
import {
  gotoAndCreatePostAsDraft,
  gotoAndCreatePostAsPublish,
} from "./postUtil";

test.describe("新文章發佈頁面", () => {
  const path = "/my/posts/create";
  const userName: UserName = "TaroYamada";

  test("可以儲存新文章的草稿", async ({ page }) => {
    const title = "測試發佈草稿";
    await gotoAndCreatePostAsDraft({ page, title, userName });
  });

  test("可以公開新文章", async ({ page }) => {
    const title = "測試公開文章";
    await gotoAndCreatePostAsPublish({ page, title, userName });
  });
});
```

10-10 文章編輯頁面的E2E測試

無論文章的狀態是草稿還是公開，只要有發佈過，就可以編輯內容、以及調整狀態是否公開的設定（圖10-15）。接下來要寫的E2E測試，是「編輯過的文章會不會對文章清單帶來影響？」跟「能否刪除文章」。而為了在測試的時候不要對其他測試造成困擾，我們將會運用上一截創建的新文章建立函式，來建立一篇新文章、並對它執行「編輯／刪除」。

圖 10-15　文章編輯頁面

● 新增公用函式

要來針對在顯示已發佈文章頁面後、切換到編輯畫面的互動函式（List 10-27）。

▶ List 10-27　e2e/postUtil.ts

TypeScirpt

```
export async function gotoEditPostPage({
  page,
  title,
}: {
  page: Page;
  title: string;
}) {
  const buttonEdit = page.getByRole("link", { name: "編輯" });
```

```
    await buttonEdit.click();
    await page.waitForNavigation();
    await expect(page).toHaveTitle(`編輯文章 | ${title}`);
  }
```

● 草稿編輯功能

這裡的E2E測試要測的是驗證編輯了儲存為草稿的文章之後，草稿是否有順利更新。首先要將新文章儲存為草稿，然後更新草稿標題，驗證是否有順利反映（List 10-28）。

▶ List 10-28　e2e/MyPostEdit.spec.ts

TypeScirpt

```
test("草稿編輯功能", async ({ page }) => {
  const title = "編輯草稿的操事";
  const newTitle = "已更新編輯草稿的測試";
  await gotoAndCreatePostAsDraft({ page, title, userName });
  await gotoEditPostPage({ page, title });
  await page.getByRole("textbox", { name: "文章標題" }).fill(newTitle);
  await page.getByRole("button", { name: "儲存為草稿" }).click(); ← 再次儲存為草稿
  await page.waitForNavigation();
  await expect(page).toHaveTitle(newTitle); ← 已經變成修改後的新標題了
});
```

● 將草稿發佈為公開文章

編輯完草稿後，要用E2E測試驗證能否順利改為公開文章。先儲存新文章的草稿，然後更新公開狀態，確認更新內容有無順利出現（List 10-29）。

▶ List 10-29　e2e/MyPostEdit.spec.ts

TypeScirpt

```
test("將草稿發佈為公開文章", async ({ page }) => {
  const title = "公開草稿的測試";
  await gotoAndCreatePostAsDraft({ page, title, userName });
  await gotoEditPostPage({ page, title });
  await page.getByText("公開狀態").click(); ← 變更公開狀態設定
  await page.getByRole("button", { name: "公開文章" }).click();
  await page.getByRole("button", { name: "是" }).click(); ← 按下確認公開對對話視窗當中的「是」
```

```
  await page.waitForNavigation();
  await expect(page).toHaveTitle(title);
});
```

● 將文章狀態設為隱藏

這裡的E2E測試要驗證的是，當編輯好公開的文章後，能否順利將文章穩藏、改為非公開狀態。首先需要公開文章，然後更新公開狀態，驗證能不能改為草稿（List 10-30）。

▶ List 10-30　e2e/MyPostEdit.spec.ts

TypeScirpt

```
test("將文章狀態設為隱藏", async ({ page }) => {
  const title = "隱藏文章的測試";
  await gotoAndCreatePostAsPublish({ page, title, userName }); ← 儲存為公開文章
  await gotoEditPostPage({ page, title });
  await page.getByText("公開狀態").click(); ← 變更公開狀態
  await page.getByRole("button", { name: "儲存為草稿" }).click(); ← 以"草稿"狀態儲存
  await page.waitForNavigation();
  await expect(page).toHaveTitle(title);
});
```

● 刪除公開狀態的文章

再來要用E2E測試驗證能否刪除編輯過後的公開文章。先公開文章後，再將文章刪除，並驗證是否有切換回文章清單畫面（List 10-31）。

▶ List 10-31　e2e/MyPostEdit.spec.ts

TypeScirpt

```
test("刪除公開狀態的文章", async ({ page }) => {
  const title = "刪除文章的測試";
  await gotoAndCreatePostAsPublish({ page, title, userName });
  await gotoEditPostPage({ page, title });
  await page.getByRole("button", { name: "刪除文章" }).click(); ← 按下"刪除文章"按鈕
  await page.getByRole("button", { name: "是" }).click(); ← 在確認刪除的對話框中按下"是"
  await page.waitForNavigation();
  await expect(page).toHaveTitle(`${userName}的文章清單`);
});
```

10-11 文章清單頁面的E2E測試

在第10章第9節的「建立新文章頁面的E2E測試」當中，我們創建了「將新文章儲存為草稿的函式」、「公開文章的函式」。接下來要接續先前的步驟，站在「建立新文章後，對文章清單的顯示上會不會帶來影響？」的觀點，持續補完E2E測試的拼圖。文章清單會顯示在首頁跟我的頁面這2個地方（圖10-16）。當文章是「草稿」時，只有作者自己可以查看，因此我們期待在首頁文章清單當中不會看見那些文章。

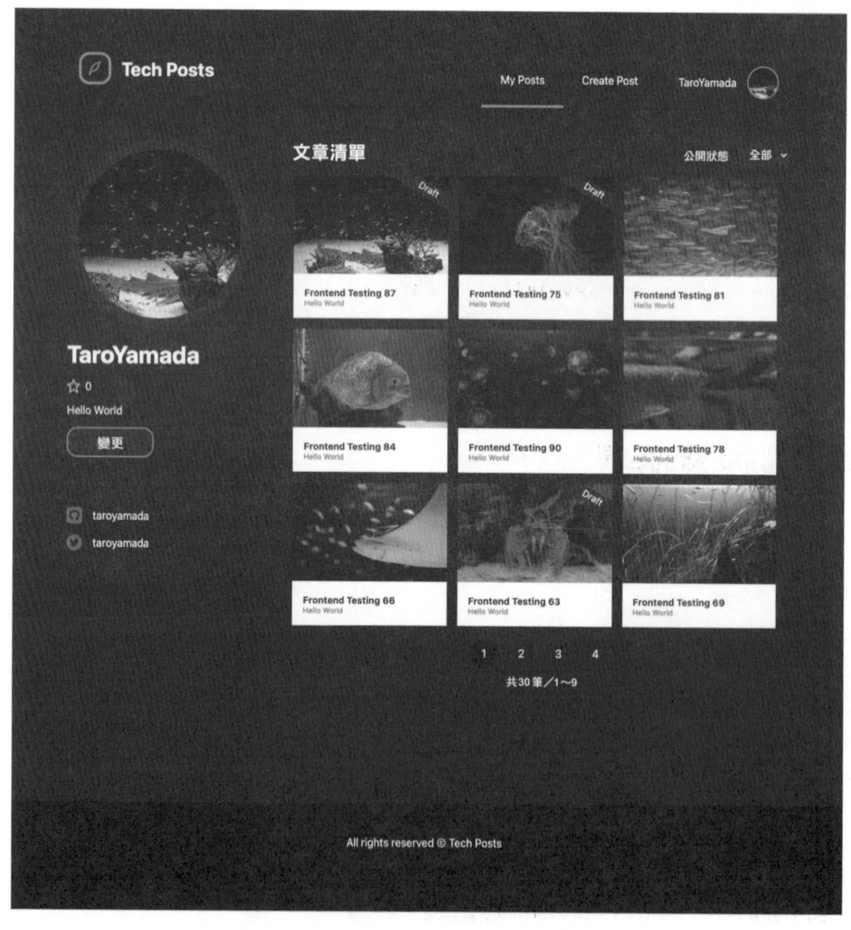

圖10-16　文章清單頁面

● 驗證發佈後的新文章有沒有出現在文章清單裡

先用E2E測試驗證在我的頁面的文章清單裡，新文章確實有被放入清單當中。無論是草稿還是公開文當都會被新增到清單當中。我們使用文章標題來驗證文章確實有被放入清單內（List 10-32）。

▶ List 10-32　e2e/MyPosts.spec.ts

TypeScirpt

```
import { expect, test } from "@playwright/test";
import { UserName } from "../prisma/fixtures/user";
import {
  gotoAndCreatePostAsDraft,
  gotoAndCreatePostAsPublish,
} from "./postUtil";
import { login, url } from "./util";

test.describe("文章清單頁面", () => {
  const path = "/my/posts";
  const userName: UserName = "TaroYamada";

  test("將新文章儲存為草稿後，該文章會出現在文章清單裡", async ({
    page,
  }) => {
    const title = "顯示草稿清單的測試";
    await gotoAndCreatePostAsDraft({ page, title, userName });
    await page.goto(url(path));
    await expect(page.getByText(title)).toBeVisible();
  });

  test("將新文章公開發佈後、該文章會出現在文章清單裡", async ({
    page,
  }) => {
    const title = "顯示公開文章清單的測試";
    await gotoAndCreatePostAsPublish({ page, title, userName });
    await page.goto(url(path));
    await expect(page.getByText(title)).toBeVisible();
  });
});
```

● 驗證發佈後的新文章有沒有出現在首頁

接著我們用E2E測試來驗證首頁的文章清單當中有沒有出現新文章，測試當中只希望看見公開文章出現在首頁。於是我們使用公開新文章的互動來新增新文章，並且將該文章改為隱藏狀態（草稿），檢查該文章是否順利從首頁的清單上消失了（List 10-33）。

▶ List 10-33　e2e/Top.spec.ts

TypeScirpt

```
import { expect, test } from "@playwright/test";
import { UserName } from "../prisma/fixtures/user";
import { gotoAndCreatePostAsPublish, gotoEditPostPage } from "./postUtil";
import { url } from "./util";

test.describe("首頁", () => {
  const path = "/";
  const userName: UserName = "TaroYamada";

  test("將新文章公開發佈後、該文章會出現在最新發佈的文章清單裡", async ({
    page,
  }) => {
    const title = "公開文章／最新文章清單的顯示測試";
    await gotoAndCreatePostAsPublish({ page, title, userName });
    await page.goto(url(path));
    await expect(page.getByText(title)).toBeVisible();
  });

  test("將公開文章隱藏起來，該文章從最新文章清單上消失", async ({
    page,
  }) => {
    const title = "取消公開／最新文章清單的顯示測試";
    await gotoAndCreatePostAsPublish({ page, title, userName });
    await gotoEditPostPage({ page, title });
    await page.getByText("公開狀態").click();
    await page.getByRole("button", { name: "儲存為草稿" }).click();
    await page.waitForNavigation();
    await expect(page).toHaveTitle(title);
    await page.goto(url(path));
    await expect(page.getByText(title)).not.toBeVisible();
  });
});
```

10-12 面對Flaky測試

有許多人認為使用了E2E測試框架的測試很難穩定第使用，但是一個測試不穩定，可能是網路通訊有延遲、記憶體不足所以伺服器回傳的回應較慢等，任何原因都有可能。如同前一小節所提，測試的先後順序不同，也可成導致測試會從我們所無法預期的情況下開始進行也說不定。

這類不穩定的測試稱之為**Flaky測試**（偶爾會失敗的測試），是我們在使用E2E測試的過程中得要持續面對的挑戰。這邊就來介紹幾個因應措施給各位參考，希望大家在遇到Flaky測試時都還有技可施。

● 每次執行都重置資料庫

E2E測試內容會包含資料的永久保存，測試執行後的資料也會跟原本的不一樣。為了要讓測試執行的結果可以都依樣，就得要站在同樣的起跑點才行。準備好seed script，每次執行測試時就重置回初始值，正是為了要站上相同的起跑點。

● 為每個測試建立專用的使用者

編輯個人資訊等測試，會對原本準備好的使用者資訊造成破壞。所以我們需要為每一個測試都準備不同的使用者帳號。這種宛如拋棄式的使用方式，其實是個好方法呢！

● 注意測試期間不會互搶資源

一如前面所演練過，在進行增刪查改功能的E2E測試時，如編輯文章的情況，建議都為每個測試建立新的資源。由於Playwright測試可以並行執行，因次哪個測試會先動、哪個測試後動，真的無法保證。當出現Flaky測試時，可能需要調查是否有互搶資源的情況發生。

● 將建構完成的應用程式伺服器作為測試目標

開發Next.js應用程式時，會在開發伺服器當中一邊偵錯、一邊繼續進行開發。請留意別在開發伺服器上執行E2E測試，因為已經建構完成的Next.js應用程式的反應會跟開發伺服器不同。在開發伺服器上執行測試可能回應較慢，造成Flaky測試的問題。

● 等待非同步處理

在上傳圖片的示範時，做完上傳圖片的互動後，要等待網路通訊完成。這種需要花費時間的處理，跟執行單元測試時一樣，等待非同步處理的回應是很重要的。當明明有用來操作的元素、也確實賦予了互動，但測試卻依然失敗時，不妨可以檢查看看是否有預留充分的時間來等待非同步處理的回應。

● 使用--debug調查

這不限於Flaky測試，任何需要調查測試失敗原因時，都可以使用偵錯工具。在Playwright執行時附加上`--debug` option，就能啟動偵錯。而且因為可以逐一目視確認動作是否有被執行，更有利於找出失敗原因的所在位置。

● 連帶確認持續整合（CI）環境與CPU核心數

有時候我們會遇到在本地環境執行測試時都沒問題，但換到持續整合（CI）環境就失敗的窘境。此時不妨檢查本地主機的CPU核心數跟持續整合（CI）環境的CPU核心數是否一樣多。Playwright跟Jest在沒有明確指定的情況下，執行環境會盡可能地嘗試讓測試套件並行執行，而並行執行的測試數量則會因為CPU核心數而有所不同。

像這種時候可以將CPU核心數設為固定（可透過測試處理器來指定）。配合持續整合（CI）環境的CPU核心數來進行測試，如果在本地主機上測試也能通過，或許就能解決問題了。此外，還可以提高等待時間的上限。雖然這些設定難免會拉長執行測試所需的時間，但總比一直在持續整合（CI）環境測不過、一直重測，還要來得省時，您說是嗎？

● 檢視E2E測試範圍是否已達最佳狀態

有時候我們也會需要檢視E2E測試要驗證的內容是否得宜。雖說越接近測試金字塔頂端，測試本身可以重現的狀態會越接近真實情況，但測試卻越容易不穩定、執行時間也會變長。倘若大範圍的整合測試就已經足夠，其實成本較低、測試狀況也相對穩定。如果能確實地為驗證內容決定最佳的範圍，遇到Flaky測試的機會也會變低。

結語

相信各位看見這幾年的前端開發框架都深刻感受到環境越來越多樣化。這是由於專案性質不同，最佳的實現方式也有所不同的關係。為了要能夠提供給使用者更好的服務體驗，我們需要好好地正視我們所開發的產品。其實並不會有「用這個方法最快速」跟「這方式保證安全」的單一最佳解方。專案所身處的環境、甚至是每一個獨立的畫面設計，可能都存在著不同的最佳解方。

相信各位也都有耳聞「因為Storybook是沒必要的，所以我們停止了維護」、「E2E測試效果有限，所以我們停止了維護」這些與前端測試相關的議題。我想這並非是因為測試方法效果薄弱的意思，而是基於開發產品的性質／開發團隊的組織／專案複雜程度等諸多原因串聯在一起，才導致最終變成了「不需要」的結果。大家所面對的開發產品都不盡相同，會有這類的意見交流也是很自然的事情。

任誰都希望在不要失敗的情況下，做出最佳的選擇。然而，對專案來說，隨著時間的變化，最好的方法可能也會跟著改變。所幸在前端我們有著許多測試方法可以選用，也能透過不同的組合來尋覓最佳測試方案。無論是專案程式碼、還是測試程式碼，我想都可以臨機應變地依據情況來提交更完善的成果。

由於版面的關係，我們以電子檔的方式提供CI部分的自動化測試實際應用內容，並採用GitHub Actions提供輕鬆入門的示範，希望從來沒有設定過CI的讀者也務必卸下心防，嘗試看看。

最後，感謝給予我撰寫本書機會的所有人、感謝在我工作上給我機會累積經驗的所有人，以及感謝將本書讀到最後的每一位讀者。

索引

符號

A/B/C

D/E/F

G/H/I

L/M/N/O

P/Q/R/S

T

U/W/Z

四劃

五劃

六劃

七劃

八劃

九劃

十劃

十一劃

十二劃

十五劃

十六劃

十八劃

廿三劃

前端開發測試入門｜現在知道也還不遲的自動化測試策略必備知識

作　　者：吉井 健文
裝訂．文字設計：森 裕昌（森設計室）
審查人員：和田卓人 / 古川陽介 / 倉見洋輔 / 大曲耕平
櫛引実秀
譯　　者：温政堯
企劃編輯：詹祐甯
文字編輯：王雅雯
特約編輯：王子旻
設計裝幀：張寶莉
發 行 人：廖文良

發 行 所：碁峰資訊股份有限公司
地　　址：台北市南港區三重路 66 號 7 樓之 6
電　　話：(02)2788-2408
傳　　真：(02)8192-4433
網　　站：www.gotop.com.tw
書　　號：ACL069900
版　　次：2024 年 04 月初版
建議售價：NT$580

國家圖書館出版品預行編目資料

前端開發測試入門：現在知道也還不遲的自動化測試策略必備知識 / 吉井健文原著；温政堯譯. -- 初版. -- 臺北市：碁峰資訊, 2024.04
面；　公分
ISBN 978-626-324-787-1(平裝)
1.CST：全球資訊網 2.CST：軟體研發 3.CST：電腦程式設計
312.1695　　113004015